La signalisation dans les réseaux de télécommunication mobile: Architectures, Protocoles et Services

Par

Professeur Emmanuel TONYE, Université de Yaoundé I

et

Docteur et Ingénieur Alphonse BINELE ABANA, CAMTEL

REMERCIEMENTS

Nos remerciements vont à l'endroit de Dr DEUSSOM Eric et Mr KENMOGNE pour leur apport dans l'élaboration de ce document.

GLOSSAIRE

2G	Second Generation of mobile network		CSG	Closed Subsciber Group
3G	Third Generation of mobile network		DL	Downlink
3GPP	3rd Generation Partnership Project		DLA-CTNI	Centre de Transit National et International de Douala
4G	Fourth Generation of mobile network		DLA-HSS	HSS de Douala
ACM	Address Complete Message		DPC	Destination Point Code
AMBR	Aggregate Maximum Bit Rate		DRX	Discontinous Reception
ANM	Anwer Message		DUP	Data User Part
ANSI	American National Standards Institute		ECGI	E-UTRAN cell global identifier
APN	Access Point Name		ECM	EPS connection management
ATM	Asynchronous Transfer Mode		EIR	Equipment Identity Register
AuC	Authentication Center		EPS	Evolved Paquet System
BICC	Bearer Independent Call Control protocol		E-UTRAN	Evolved Universal Terrestrial Radio Access Network
BISUP	B-ISDN User Part		EVC	Electronic Voucher Code
BSC	Base Station Controller		FISU	Fill In Signal Units
BTS	Base Transceiver Station		FRMIP	Frame IP
CBS	Convergent Billing System		FSU	Final Signal Unit
CCA-I	Credit Control Answer Initial		GCI	Global Cell Identity
CCA-U	Credit Control Answer Update		GERAN	GSM/EDGE radio access network.
CCR-I	Credit Control Request Initial		GGSN	Gateway GPRS Support Node
CCR-U	Credit Control Request Update		GMSC	Gateway MSC
CDR	Call Detail Record		GPRS	General Packet Radio Service
CFN	Confirm		GSM	Global System for Mobile Communication
CHAP	Challenge Handshake Authentication Protocol.		GTP-C	GPRS Tunnel Protocol Control plan
CIC	Circuit Identification Code		GUMMEI	Globally Unique MME Identifier
CM	Call Management		GUTI	Globally Unique Temporary Identity
CMR	Cameroun		HFN	Hyper Frame Number
CN	Core Network		HLR	Home Location Register
CP ACK	Crypto Period Acknowledge		HLR	Lome Location Register
CRBT	Caller Ring Back Tone		HO	Handover
CRBT	Caller Ring Back Tone		HSS	Home Subscriber Server
CS	Circuit Switching domain		IAM	Initial Address Message

IE	Information Element		MMSC	Multimedia Messaging Service Center
IGWB	iGateway Billing		MNRF	Mobile Station Reachable Flag
IMEI	international mobile equipment identity.		MOD	Modify
IMSI	International Mobile Subscriber Identity		MON	Monitor service process
IMSI	International Mobile Subscriber Identity		Mone	Message One
IMU	I/O board Management Unit process		MSC	Mobile Switching Center
			MSC	Mobile Switching Center
IP	Internet Protocol		MSISDN	Mobile Station International ISDN Number
IP	Internet Protocol			
IP-CAN	IP Connectivity Access Network		MSISDN	Mobile Station International ISDN Number
IS-41	ANSI-41		MSRN	Mobile Station Roaming Number
ISDN	Integrated Services Digital Network		MSS	MSC Server
ISUP	ISDN User Part of SS7		MSU	Message Signaling Unit
ITU	International Telecommunication Union		MTP	Message Transfer Part
			NAS	Non Access Stratum
KVMS	Key Video and Mouse Switch		NI	Network Indicator
LAI	Location Area Identity		NTFY	Notify
LAN	Local Area Network		OAM	Operation And Maintenance
LBI	Linked EPS Bearer Identity		OCS	Online Charging System
LMT	Local Maintenance Terminal		OMU	Operation and Maintenance Unit
LSSU	Link Status Signaling Units		OPC	Origination Point Code
LTE	Long Term Evolution		OSTA	Open Standard Telecom Architecture
M2PA	MTP2 User Peer-to-Peer Adaptation Layer			
M3UA	MTP Level 3 User Adaptation Layer		PAP	Password Authentication Protocol.
			PCC	Policy and Charging Control
MAC	Media Access Control		PCRF	Policy and Charging Rules Function
MAP	Mobile Application Part Protocol			
MCEF	Mobile Station Memory Capacity Exceeded Flag		PDB	Power Distribution Box
			PDCP	Packet Data Convergence Protocol
ME	Mobile Entity		PDN	Packet Data Network
MEGAGO	Media Gateway Control Protocol		PDP	Policy Decision Function
METRO	Boucle Métropolitaine SDH		PDSN	Packet Data Serving Node
MGC	Media Gateway Controller		PDU	Protocol Data Unit
MGW	Media Gateway		PGW	PDN Gateway
MM	Mobility Management		PICMG	Industrial Computers Manufacturers Group
MME	Mobility Management Entity			
MML	Man-Machine Language		PLMN	Public Land Mobile Network

PS	Packet Switching		SMMT	Short Message Mobile Terminated
PVLR	Previous Visitor Location Register		SMS	Short Message Service
QoS	Quality of Service		SMSC	Short Message Service Center
RAB	Radio access Bearer		SNMP-AGT	Simple Network Management Protocol Agent
RAN	Radio Access Network			
RANAP	Radio Access Network Application Part		SNMP-MGR	Simple Network Management Protocol Manager
RAT	Radio Access Technology		SOAP-AGT	Simple Object Access Protocol Agent
REL	Release		SS7	Signalling System 7
REQ	Request		SSN	SS7 Subsystem Number
RLC	Radio Link Control		SSP	Service Switching Point
RMU	Reliability Management Unit		STP	Signaling Transfert Point
RNC	Radio Network Controller		SUA	SCCP User Adaptation
RNIS	Reseau Numerique a Integration de Services		SUB	Subtract
RRC	Radio Resource Control		SWI	Switching Interface Unit
RR-HO	Route Reflector Handover		SWU	Switching Unit
RTC	Reseau Telephonique Commute		TAI	Tracking Area Identity
RTCP	Real-Time Transport Control Protocol		TAU	Tracking Area Update
RTP	Real Time Protocol		TCAP	Transaction Capabilities Application Part
S1AP	S1 application Protocol		TCP	Transmission Control Protocol
SCCP	Signalling Connection Control Part		TDM	Time-Division Multiplexing
SCP	Service Control Point		TEID	Tunnel Endpoint Identifier
SCTP	Stream Control Transmission Protocol		TMSC	Tandem Mobile Switching Center
SDM	Subrack Data Module		TMSI	Temporary Mobile Subscriber Identity
SEP	Signaling End Point		TRC	Trunk Circuit
SG	Signaling Gateways		UDP	User Datagram Protocol
SGSN	Serving GPRS Support Node		UE	User Equipment
SGSN	Serving GPRS Support Node		UL	Uplink
SGW	Serving Gateway		ULR	Update Location Request
SI	Service Indicator		UMTS	Universal Mobile Telecommunication System
SIGTRAN	Signaling Transport		UMTS CS	Domaine CS de l'UMTS
SIP	Session Initial Protocol		UPB	Universal Processing Blade
SMC	Short Message Center		USI	Universal Switching Interface
SMM	Shelf Management Module			
SMMO	Short Message Mobile Originated		USSD	Unstructured Supplementary Service Data

UTRAN	Universal Terrestrial Radio Access Network		WIFM	Wireless IP Forward Module
VLR	Visitor Location Register		WVDB	Wireless VLR Database unit
VLR	Visitor Location Register		YDE-CBS	CBS de Yaoundé
VMS	Voice Mail Server		YDE-CTNI	Centre de Transit National et International de Yaoundé
VMSC	Visited Mobile Switching Centre		YDE-FH-MGW	MGW du bâtiment du Faisceau Hertzien de Yaoundé
WAN	Wide Area Network		YDE-FH-MSC	MSC du Bâtiment Faisceau Hertzien de Yaoundé
WAPGW	WAP Gateway		YDE-HSS	HSS de Yaoundé
WBSG	Wireless Broadband Signaling Gateway		YDE-Mone-VMS	VMS de Yaoundé intégrée dans la plateforme Mone
WCCU	Wireless Calling Control Unit			
WCDB	Wireless Central Database Unit			

LISTE DES FIGURES

Figure 1 : architecture du réseau CDMA de Camtel 2

Figure 2 : architecture du cœur de réseau UMTS/CS de Camtel 5

Figure 3 architecture du cœur de réseau UMTS-LTE/PS de Camtel 6

Figure 4 : architecture de la signalisation SIGTRAN du réseau UMTS/CS de Camtel 8

Figure 5 : architecture matérielle du MSOFTX3000 de Huawei 9

Figure 6 : architecture logicielle du MSOFTX3000 de Huawei 11

Figure 7: structure du system du MSOFTX3000 13

Tableau 1 : répartition des processus par carte 15

Figure 8: Architecture du réseau de VIETTEL CMR S.A. 16

Figure 9: Architecture du cœur de réseau circuit (CS Core). 18

Figure 10: Architecture du cœur de réseau paquet (PS Core). 20

Figure 11: Flux de service data 2G/3G. 21

Figure 12: Flux de service voix 2G/3G. 22

Figure 13: Piles de protocoles SS7 et SYGTRAN. 23

Figure 14: Services SS7 sur circuit (TDM) et Packet. 24

Figure 15: Pile de protocoles de SIGTRAN présenté par NOKIA. 24

Figure 16: Application du protocole BICC. 27

Figure 17: Application du protocole RANAP. 29

Figure 18: Application du protocole SIP. 29

Figure 19: Application des protocoles MEGACO / H.248. 30

Figure 20: Protocol de signalisation sur les interfaces des réseaux GSM/UMTS. 30

Figure 21: Réseau SS7 sur IP 31

Figure 22: Processus d'encapsulation du message SS7 dans le paquet IP 32

Figure 23: Communication à l'intérieur du Backbone IP. 33

Figure 24 : Procédure de handover intra-MSC 36

Figure 25 : procédure de handover inter-MSC 39

Figure 26 : procédure de mise à jour de la localisation intra-VLR avec l'implication du HLR 42

Figure 27 : Procédure de mise à jour de la localisation intra-VLR sans implication du HLR 44

Figure 28 : procédure de mise à jour de la localisation inter-VLR 45

Figure 29 : procédure USSD 48

Figure 30 : procédure SMMO 50

Figure 31 : procédure SMMT 52

Figure 32 : procédure d'appels intra-MSC 55

Figure 33 : procédure d'appels inter-MSC 58

Figure 34 : procédure de rattachement au réseau 62

Figure 35 : procédure de détachement au réseau 68

Figure 36 : procédure TAU intra-MME sans changement de SGW 70

Figure 37 : procédure TAU intra-MME avec changement d SGW 71

Figure 38 : procédure TAU inter-MME sans changement de SGW 74

Figure 39 : procédure TAU inter-MME avec changement de SGW 77

Figure 40 : Procédure d'envoi d'une requête d'un service sur internet 81

Figure 41 : procédure de paging 84

Figure 42 : procédure X2 intra-MME sans changement de SGW 86

Figure 43 : procédure X2 intra-MME avec changement de SGW 89

Figure 45 : procédure S1 inter-MME avec changement de SGW 99

Figure 46 : procédure préparation du handover UTRAN à E-UTRAN 106

Figure 47 : procédure de handover UTRAN à E-UTRAN 109

Figure 48 : procédure de préparation du handover E-UTRAN à UTRAN 112

Figure 49 : procédure de handover E-UTRAN à UTRAN 115

Figure 50 : procédure d'établissement d'une connexion internet 119

Figure 51 : procédure d'activation d'une ressource dédiée 123

SOMMAIRE

La signalisation dans les réseaux de télécommunication mobile: Architectures, Protocoles et Services i
REMERCIEMENTS ii
GLOSSAIRE iii
LISTE DES FIGURES vii
SOMMAIRE ix
Introduction 1
Chapitre I.   Etude de la Signalisation dans les réseaux mobiles CAMTEL et VIETTEL au Cameroun   2

    I.1.   Réseau de la Signalisation de la CAMTEL et Présentation des composants de son cœur réseau 2
        I.1.1.   Le réseau CDMA de Camtel 2
            I.1.1.1.   Architecture détaillée du cœur de réseau CDMA 2
            I.1.1.2.   Présentation et fonctions des équipements du cœur de réseau CDMA 3
        I.1.2.   Le réseau mobile UMTS/LTE de Camtel 5
            I.1.2.1.   Architecture détaillée du cœur de réseau mobile 5
                I.1.2.1.1.   Domaine CS (Circuit Switch) 5
                I.1.2.1.2.   Domaine PS (Packet Switch) 6
            I.1.2.2.   Présentation et fonctions des équipements du cœur de réseau UMTS/CS   7
        I.1.3.   Architecture d'interconnexion du réseau SS7/SIGTRAN de Camtel 7
        I.1.4.   Vue d'ensemble des équipements du réseau de signalisation SS7/SIGTRAN de Camtel (MSOFTX3000 de Huawei). 8
            I.1.4.1.   Structure matérielle du MSOFTX3000 8
            I.1.4.2.   Structure logicielle du MSOFTX3000 10
                I.1.4.2.1.   Host software (logiciel hote) 11
                I.1.4.2.2.   Background software 12
            I.1.4.3.   Structure du système 13
                I.1.4.3.1.   Sous système de gestion de l'équipement 13
                I.1.4.3.2.   Sous système électromécanique 13
                I.1.4.3.3.   Sous système de commutation 14

		I.1.4.3.4. Sous système de traitement de service 14

- I.2. Le réseau de signalisation de Nexttel Cameroun S.A (Viettel Cmr S.A). 16
  - I.2.1. Architecture physique détaillée du réseau. 16
  - I.2.2. Architecture du cœur de réseau circuit (CS Core domain). 17
  - I.2.3. Architecture du cœur de réseau paquet (PS Core domain). 19
  - I.2.4. Flux de trafic des services voix et data 2G/3G. 20

Chapitre II. *Signalisation SS7/SIGTRAN dans les réseaux mobiles* *23*

- II.1. Pile de protocole de SIGTRAN. 23
  - II.1.1. Protocole SCTP. 25
  - II.1.2. Protocole M2PA. 25
  - II.1.3. Protocole M3UA. 26
  - II.1.4. Protocole SUA. 26
  - II.1.5. Protocole BICC. 27
  - II.1.6. Protocole ISUP. 27
  - II.1.7. Protocole MAP. 28
  - II.1.8. Protocole SCCP. 28
  - II.1.9. Protocole TCAP. 28
  - II.1.10. Protocole RANAP. 28
  - II.1.11. Protocole SIP. 29
  - II.1.12. Protocoles MEGACO / H.248. 29
- II.2. Transport de signalisation SS7 sur IP (réseau SIGTRAN SS7 sur IP) 30
- II.3. Processus d'encapsulation du message SS7 dans le paquet IP 31
- II.4. Communication à l'intérieur du Backbone IP ou WAN 33
- II.5. Avantage de la migration vers un réseau SIGTRAN (SS7 sur IP) 34
  - II.5.1. Rentabilité 34
  - II.5.2. Capacité accrue 34
  - II.5.3. La flexibilité 34
  - II.5.4. L'intégration 35
- II.6. Scenario de déploiement d'un réseau SIGTRAN SS7 sur IP 35

Chapitre III. *Quelques procédures de signalisation lors de l'établissement des services.* *36*

- III.1. Procédures de signalisation du domaine CS 36
  - III.1.1. Handover 36
    - III.1.1.1. handover intra MSC 36

- III.1.1.2. handover inter MSC 39
- III.1.2. Gestion de la mobilité 42
  - III.1.2.1. Mise à jour de la localisation intra-VLR 42
  - III.1.2.2. Mise à jour de la localisation inter-VLR 45
- III.1.3. USSD 48
- III.1.4. SMS 50
  - III.1.4.1. SMMO 50
  - III.1.4.2. SMMT 52
- III.1.5. Appels 55
  - III.1.5.1. Appels intra MSC 55
  - III.1.5.2. appels inter MSC 58
- III.2. Procédures de signalisation du domaine PS 62
  - III.2.1. Gestion de la mobilité 62
    - III.2.1.1. Attachement au réseau 62
    - III.2.1.2. Détachement du réseau 68
  - III.2.2. TAU (Tracking Area Update) 70
    - III.2.2.1. TAU intra-MME sans changement de SGW 70
    - III.2.2.2. TAU intra-MME avec changement de SGW 71
    - III.2.2.3. TAU inter-MME sans changement de SGW 74
    - III.2.2.4. TAU inter-MME avec changement de SGW 77
  - III.2.3. Gestion des échanges avec internet 81
    - III.2.3.1. Requête d'un service sur internet (uplink data) 81
    - III.2.3.2. Paging (downlink data) 84
  - III.2.4. Handover 86
    - III.2.4.1. Handover X2 intra-MME sans changement de SGW 86
    - III.2.4.2. Handover X2 intra-MME avec changement de SGW 89
    - III.2.4.3. Handover S1 inter-MME sans changement de SGW 93
    - III.2.4.4. Handover S1 inter-MME avec changement de SGW 99
    - III.2.4.5. Handover UTRAN vers E-UTRAN 106
    - III.2.4.6. Handover E-UTRAN vers UTRAN 112
  - III.2.5. Gestion de sessions 119
    - III.2.5.1. Etablissement d'une connexion internet 119
    - III.2.5.2. Activation d'une ressource dédiée 123

III.3. Méthodes de sécurisation du réseau SIGTRAN 125
    III.3.1. Comment sécuriser le réseau SS7 standard 125
    III.3.2. Comment sécuriser le réseau SS7 sur IP 126
    III.3.3. Imagination d'un scénario d'attaque 126
Conclusion *128*
Bibliographie *129*
A PROPOS DES AUTEURS *132*

Introduction

En télécommunication, la signalisation peut désigner trois possibilités:
- L'utilisation des informations pour contrôler des communications.
- L'échange des informations pour l'établissement et le contrôle d'un dispositif de télécommunication distinctement du transfert de données entre utilisateurs.
- L'envoi d'une information par une terminaison en émission d'un circuit de télécommunication pour alerter un utilisateur situé sur la terminaison en réception qu'un message doit être envoyé.

On distingue deux classes de signalisation qui sont : la signalisation « inband » et la signalisation hors-bande.
- Avec la signalisation « inband » ou signalisation bande étroite, les informations permettant l'établissement du service de communication sont véhiculées par le même canal que les données ou la voix. Celle-ci était utilisé historiquement en téléphonie fixe de type RTC et reste encore utilisé dans certains cas.
- La signalisation hors-bande ou signalisation large bande par voie commune se fait sur un canal dédié (lien de signalisation) qui est différent de celui des données ou de la voix. La version la plus répandue dans le RNIS et les réseaux mobile 2G/3G était le système de signalisation No 7 (SS7) et sa variante SIGTRAN. Le protocole SIP remplace celui-ci sur les réseaux récents en VoIP et les réseaux mobiles 4G / LTE.

Les opérateurs de téléphonie consacrent beaucoup d'énergie et de ressources pour maintenir la signalisation sans laquelle aucun service n'est possible.

Ainsi au Cameroun, le paysage de télécommunications est constitué de 4 opérateurs dont Camtel, MTN, Orange et Nexttel. Vu l'importance de la signalisation dans l'établissement des services des usagers, il serait opportun de faire une étude sur celle-ci en vue d'apprécier comment elle est déployée dans certains réseaux d'opérateurs au Cameroun.

Pour ce faire, notre travail sera organisé en trois parties. Nous allons d'abord présenter les réseaux de Nexttel Cmr (Viettel Cmr) SA et de Camtel ; ensuite nous présenterons le système de signalisation SIGTRAN/SS7 et enfin nous décrivons quelques procédures d'établissement de services utilisées dans ces réseaux mobiles.

Chapitre I. Etude de la Signalisation dans les réseaux mobiles CAMTEL et VIETTEL au Cameroun

I.1. Réseau de la Signalisation de la CAMTEL et Présentation des composants de son cœur réseau

Camtel est l'opérateur de téléphonie historique au Cameroun. Il offre les services d'appel et internet sur les réseaux fixe et mobile. Camtel a déployé deux solutions pour le mobile : le CDMA et l'UMTS/LTE. L'offre CDMA permet desservir les abonnés filaires éloignés des points d'accès au réseau filaire tandis que l'offre UMTS/LTE répond aux besoins de mobilité des abonnés.

I.1.1. Le réseau CDMA de Camtel

I.1.1.1. Architecture détaillée du cœur de réseau CDMA

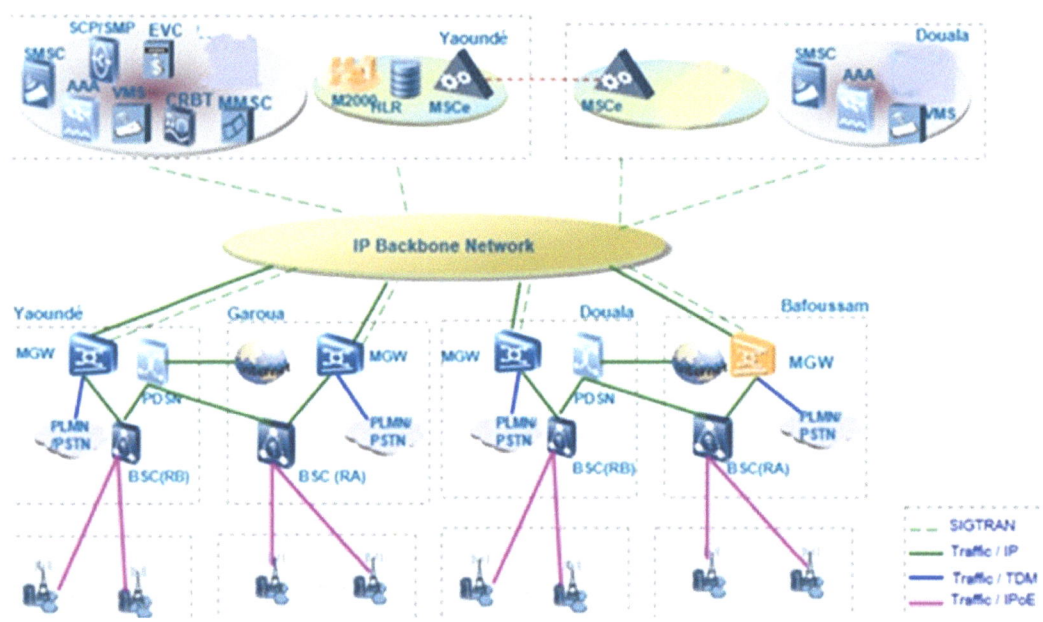

Figure 1 : architecture du réseau CDMA de Camtel

Le cœur de réseau CDMA de Camtel est constitué de :

- 2 MSC Servers du fournisseur Huawei
- 4 MGW du fournisseur Huawei
- 1 HLR du fournisseur Huawei

Pour la fourniture des services, le réseau CDMA de Camtel dispose des plateformes de services suivantes toutes du fournisseur Huawei:
- 2 VMS
- 1 SCP (OCS)
- 2 SMSC
- 1 MMSC
- 2 AAA
- 1 EVC
- 1 CRBT
- PDSN

Le réseau d'accès CDMA de Camtel comprend :

- 4 BSC
- des centaines de BTS

I.1.1.2. Présentation et fonctions des équipements du cœur de réseau CDMA

Les équipements du cœur de réseau CDMA de Camtel proviennent de l'équipementier Huawei Technologies. À présent, décrivons le cœur de réseau de Camtel et les fonctionnalités de ses équipements. Le cœur de réseau CDMA de Camtel est constitué de :

- Deux MSC Servers installés dans deux villes différentes pour toujours permettre la disponibilité du service. Chaque MSC Server dessert un certain nombre de régions (La MSC Server de Douala dessert les régions du Littoral, de l'Ouest, du Sud-Ouest et du Nord-Ouest tandis que la MSC de Yaoundé dessert les régions du Centre, de l'Adamaoua, du Sud, du Nord, de l'Extrême-Nord et de l'Est). Le nom commercial de la MSC Server de Huwei est CSOFTX3000. La MSC Server de Douala gère deux MGW : la MGW de Bafoussam et la MGW de Douala ; le nom commercial de la MGW de Huawei est UMG8900. Le CSOFTX3000 assure les fonctions de control d'appels, de routage, de contrôle d'accès des MGW, d'allocation des ressources, de traitement de la signalisation et peut jouer les rôles de MSC Server, GMSC, TMSC,

- SSP et STP dans un réseau CDMA tandis que la MWG assure les fonctions de transport de trafic.
- Une plateforme de réseau intelligent SCP/EVC pour les services prépayés et d'autres types de services. Elle est connectée à la MSC de Yaoundé qui joue le rôle de STP pour la MSC de Douala lorsque la MSC de Douala veut échanger la signalisation avec le SCP.
- Un HLR de l'équipementier Huawei qui a la fonction d'AuC intégrée.
- Deux SMSC (une à Yaoundé l'autre à Douala) pour l'échange des SMS au sein du réseau CDMA et avec les autres opérateurs. Les SMSC assurent le stockage et la transmission des SMS. Chaque SMSC gère les SMS d'une tranche de numéros donnée. Ainsi, la SMSC de Yaoundé gère la tranche 242 tandis que la SMSC de Douala gère la tranche 243. Les MSC de Yaoundé et Douala peuvent jouer le rôle de STP pour les SMSC lorsque la MSC gérant le destinataire n'est pas directement connectée à la SMSC gérant le destinataire du message.
- Une plateforme CRBT de joue des phone-tones pour jouer les musiques pour l'appelant lorsque le téléphone de l'appeler sonne.
- Deux plateformes VMS de messagerie vocale : une à Yaoundé et l'autre à Douala.
- 4 MGW pour le transport du trafic. Ils sont situés à Yaoundé, Douala, Bafoussam et Garoua et sont connectés aux BSC des mêmes localités pour porter le trafic. L'avantage avec cela est que le trafic reste localement pour les abonnés de la même zone. Ainsi par exemple, le trafic de deux abonnés qui sont à N'Gaoundéré reste au Nord pourtant l'appel est contrôlé à partir de la MSC Server de Yaoundé.
- Une plateforme PDSN connectée à internet pour offrir le service internet.
- Une plateforme AAA pour authentifier les abonnés lors des tentatives de connexion à internet.

I.1.2. Le réseau mobile UMTS/LTE de Camtel

I.1.2.1. Architecture détaillée du cœur de réseau mobile

I.1.2.1.1. Domaine CS (Circuit Switch)

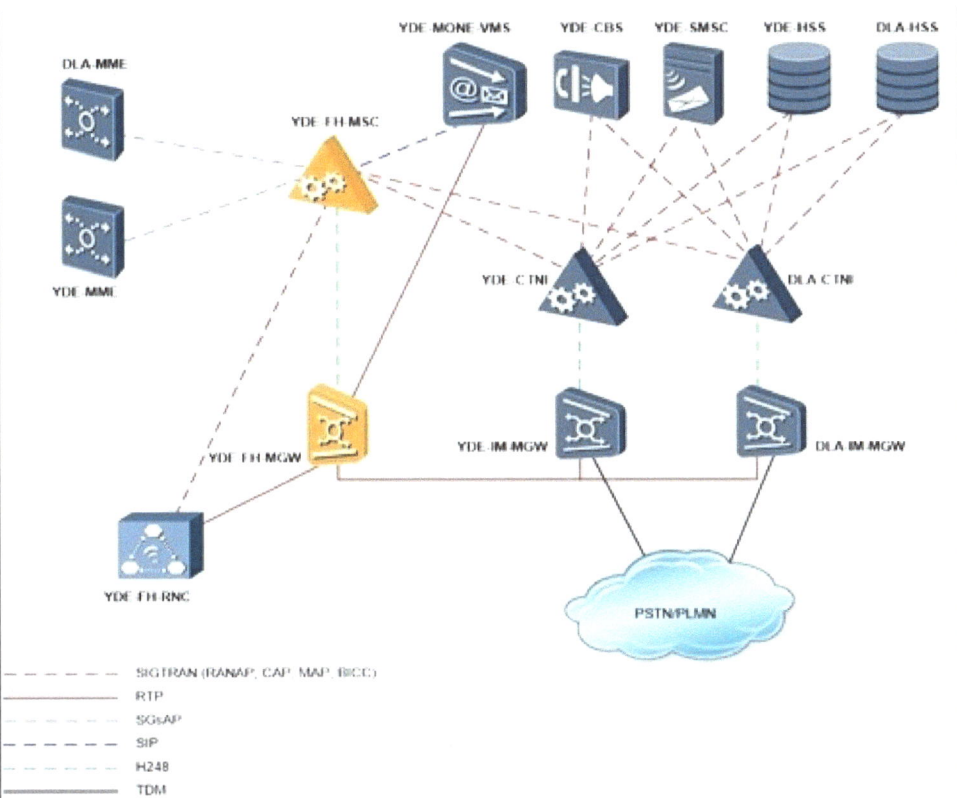

Figure 2 : architecture du cœur de réseau UMTS/CS de Camtel

Le cœur de réseau mobile UMTS CS de Camtel comprend :

- 1 MSC Server (YDE-FH-MSC)
- 2 HSS (DLA-HSS et YDE-HSS)
- 2 STP (YDE-CTNI et DLA-CTNI)
- 1 MGW (YDE-FH-MGW)
- 1 SCP (YDE-CBS)
- 1 VMS (YDE-MONE-VMS)
- 1 SMSC (YDE-SMSC)

Le réseau d'accès mobile de Camtel comprend :

- 1 RNC
- 270 NodeB répartis sur l'ensemble du territoire en avril 2018.

I.1.2.1.2. Domaine PS (Packet Switch)

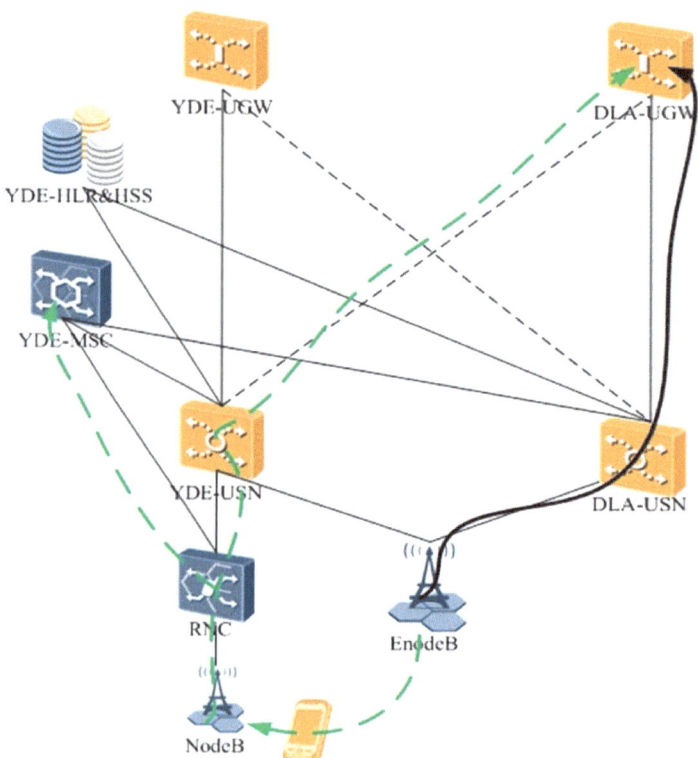

Figure 3 Architecture du cœur de réseau UMTS-LTE/PS de Camtel

Le cœur de réseau mobile UMTS/LTE PS de Camtel comprend :

- 2 MME installés à Yaoundé et à Douala. Ils gèrent la mobilité et la sécurisation des échanges des abonnés LTE et sont fournis par l'équipementier Huawei. Le nom commercial du MME Huawei est USN9810. L'USN9810 joue aussi le rôle de traitement de la signalisation du SGSN. Donc Camtel dispose de deux SGSN intégrés dans les USN9810 de Yaoundé et de Douala.
- 2 GGSN, 2 SGW et 2 PGW fournis par l'équipementier Huawei. Le nom commercial de 'équipement Huawei remplissant ces fonctions est UGW9811. GGSN, SGW et PGW sont intégrés dans cet équipement ainsi que la fonction « user plan » du SGSN.

En avril 2018, le réseau d'accès LTE de Camtel est constitué de 390 sites LTE en bande 1800MHz et 120 sites LTE en bande 2100MHz réparties dans toute l'étendue du territoire.

Focalisons-nous à présent à la signalisation SS7/SIGTRAN. Mais tout d'abord, intéressons-nous un peu plus aux équipements du cœur de réseau UMTS/CS.

I.1.2.2. Présentation et fonctions des équipements du cœur de réseau UMTS/CS

Comme pour le CDMA, les équipements du cœur de réseau mobile de Camtel proviennent de l'équipementier Huawei Technologies. Passons en revue leurs fonctionnalités. Le réseau mobile de Camtel dispose de :

- Une MSC Server installée à Yaoundé qui gère tout le réseau national. Le nom commercial de la MSC Server de Huawei est MSOFTX3000. Le MSOFTX3000 assure les fonctions de control d'appels, de routage, de contrôle d'accès des MGW, d'allocation des ressources, de traitement de la signalisation et peut remplir les fonctions des équipements tels que : MSC Server, GMSC, TMSC, SSP et STP.
- Deux STP (YDE-CTNI à Yaoundé et DLA-CTNI à Douala) fournis par l'équipementier Huawei. Toutes les entités du réseau de signalisation SS7/SIGTRAN du réseau mobile de Camtel sont interconnectées à travers ces deux STP. Le nom commercial du STP de Huawei est MSOFTX3000.
- Deux HSS l'un installé à Yaoundé et l'autre à Douala. Le nom commercial du HSS Huawei est HSS9860. Il intègre toutes les fonctions d'un HLR classique en plus de comprendre le protocole « Diameter ».
- Une plateforme de réseau intelligent SCP du fournisseur Huawei dont le nom commercial est CBS pour les abonnés utilisant le service prépaid.
- Une plateforme de messagerie vocale (VMS) et une plateforme de messages courts (SMSC) intégrées dans une seule plateforme du fournisseur Huawei appelée Mone.

I.1.3. Architecture d'interconnexion du réseau SS7/SIGTRAN de Camtel

Comme nous pouvons le constater sur la figure 3, le réseau de signalisation de Camtel est basé sur le SIGTRAN ; le SS7 classique n'est pas utilisé mais plutôt le SS7 sur IP. Toutes les entités sont connectées aux deux STP (YDE-CTNI et DLA-CTNI) et c'est à travers ces deux STP qu'ils peuvent s'échanger la signalisation. Ces connexions se font à travers les câbles FE (FastEthernet) qui offrent un débit de 100Mbps. Cette architecture offre une redondance en cas de panne sur un lien avec un STP.

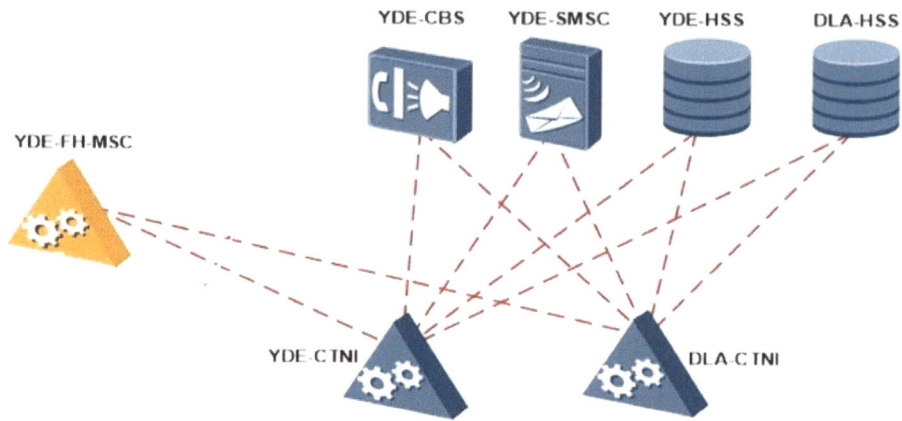

Figure 4 : architecture de la signalisation SIGTRAN du réseau UMTS/CS de Camtel

I.1.4. Vue d'ensemble des équipements du réseau de signalisation SS7/SIGTRAN de Camtel (MSOFTX3000 de Huawei).

Comme nous l'avions dit plutôt, le fournisseur des STP de Camtel est Huawei et leur nom commercial est MSOFTX3000.

I.1.4.1. Structure matérielle du MSOFTX3000

Le matériel du MSOFTX3000 se compose d'armoires, de bacs à cartes et de composants internes. La figure 1 montre la configuration matérielle du MSOFTX3000.

Le MSOFTX3000 adopte la plate-forme matérielle Open Standards Telecom Architecture (OSTA) 2.0. Développée sur la base de l'architecture ATCA (Advanced Telecommunications Computing Architecture), la plate-forme OSTA 2.0 offre des fonctionnalités telles que le haut débit, la haute disponibilité et l'évolutivité élevée.

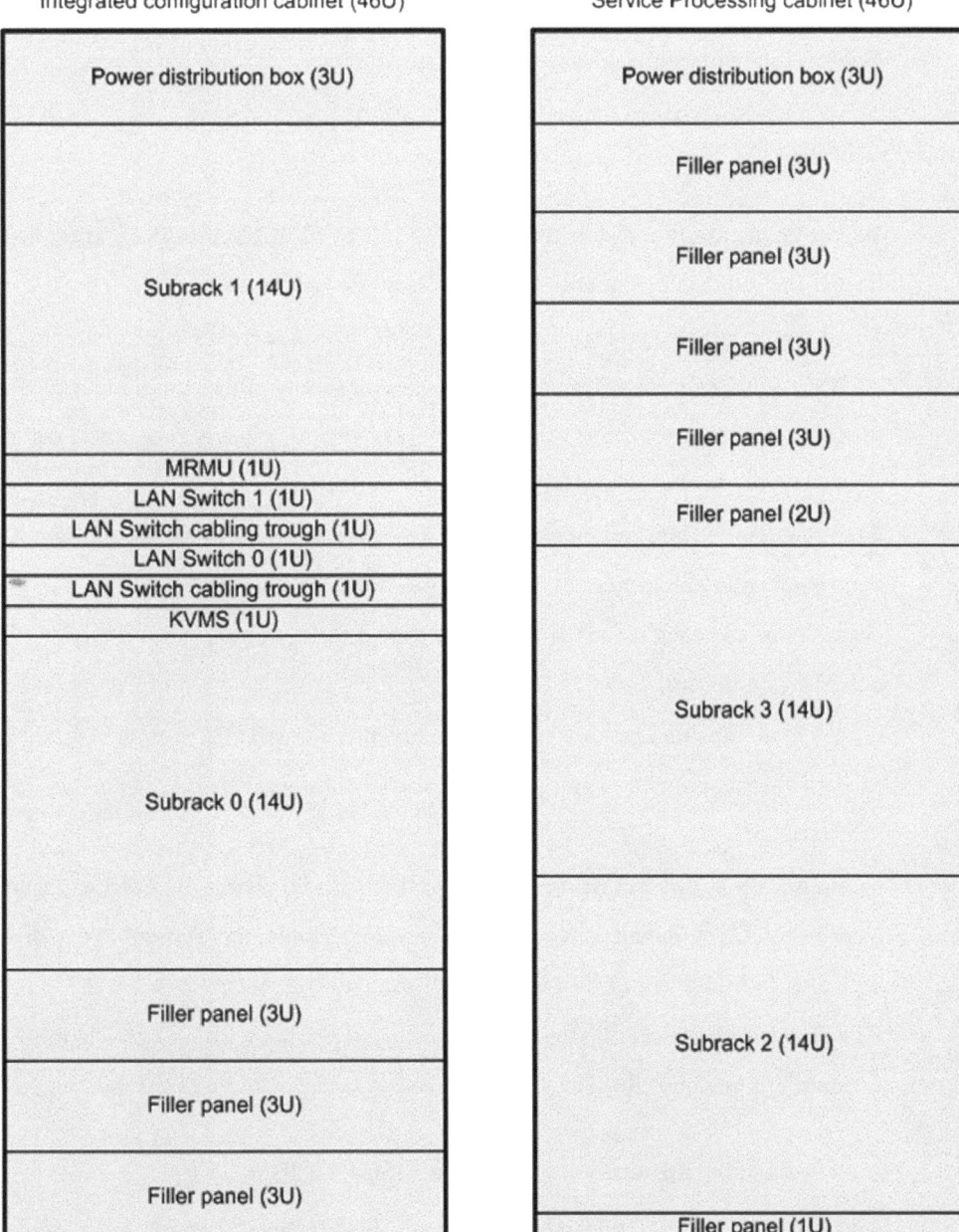

Figure 5 : architecture matérielle du MSOFTX3000 de Huawei

L'armoire abrite les composants internes du produit et permet l'interconnexion entre ces composants. Elle protège ses composants internes contre la pollution et les dommages.

Le sous-rack fournit les fonctions suivantes:

- Intégration des cartes installées à l'aide du backplane pour former une unité fonctionnelle indépendante.

- Protège les cartes contre les dommages.
- Fournit l'alimentation aux cartes et aux ventilateurs

Composants internes :

- Boîtier de distribution d'alimentation (PDB : Power Distribution Box): Il est installé en haut d'une armoire. Il alimente les composants de l'armoire.
- Unité de surveillance du rack principal (MRMU : Master rack monitoring unit): Elle surveille ou détecte l'environnement de l'armoire (température, humidité, eau, smog et intrusion des rongeurs) ainsi que la tension, l'environnement, la protection contre les surtensions et la puissance d'entrée du PDB.
- Commutateur LAN: Il connecte les bacs à cartes et les serveurs et fournit une communication de données et une configuration active / en attente pour les composants connectés, formant ainsi des canaux de communication à double plan entre les composants.
- Goulotte de câble: Elle est installée sous le commutateur LAN pour acheminer les câbles Ethernet connectés au panneau avant du commutateur LAN vers l'arrière de l'armoire.
- Commutateur KVM (KVMS) (en option): Il fournit un clavier, un écran à cristaux liquides (LCD) et une interface souris. Il sert de périphérique d'entrée et de sortie pour les lames de traitement universelles (UPB) dans les bacs à cartes OSTA 2.0.
- Panneau de remplissage: Il s'agit d'un panneau en plastique installé dans la fente libre à l'avant d'une armoire. Il aide à garder le cabinet sans poussière et le rend mieux.

I.1.4.2. Structure logicielle du MSOFTX3000

Le logiciel MSOFTX3000 adopte une architecture distribuée. Les modules logiciels sont répartis entre les cartes ou les serveurs et peuvent être configurés de manière flexible pour répondre aux exigences de mise en réseau réelles. La Figure 1 montre la structure logicielle du MSOFTX3000.

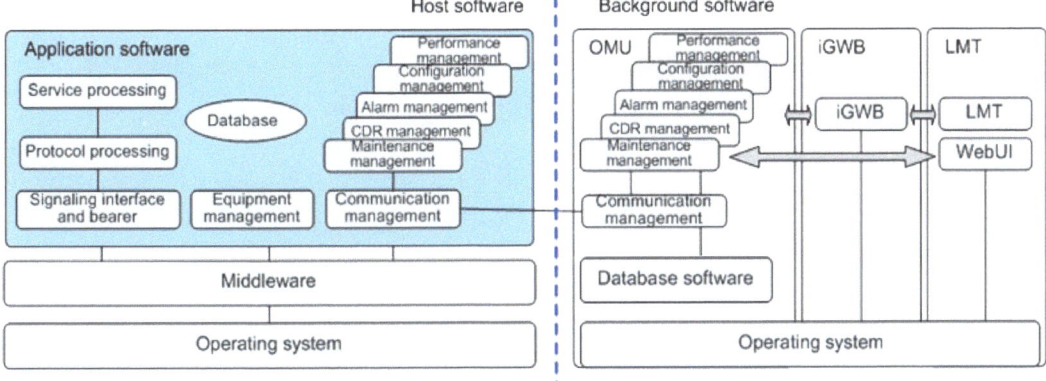

Figure 6 : architecture logicielle du MSOFTX3000 de Huawei

I.1.4.2.1. Host software (logiciel hôte)

Le logiciel hôte fonctionne sur les cartes dans les sous-cartouches Open Standards Telecom Architecture (OSTA). Il remplit les fonctions suivantes:

- Signalisation d'accès et de traitement
- Traitement d'appel
- Contrôle de service
- La gestion des ressources
- Génération d'informations de facturation

Le logiciel hôte adopte une conception modulaire en couches et comprend les parties suivantes:

- Système d'exploitation: L'hôte utilise le système d'exploitation Linux, un logiciel en temps réel.
- Middleware: Le MSOFTX3000 adopte la technologie middleware (DOPRA_C). Par conséquent, le logiciel de service de couche supérieure n'est pas pertinent pour le système d'exploitation.
- Logiciel d'application: Le logiciel d'application est la partie fonctionnelle du logiciel MSOFTX3000. Chargé avec un logiciel différent, les cartes peuvent fournir différentes fonctions.

I.1.4.2.2. Background software

Avec le logiciel d'arrière-plan, le logiciel hôte peut également effectuer les opérations suivantes sur l'hôte en réponse à des commandes spécifiques:

- Gestion de données
- Gestion de l'équipement
- Gestion des alarmes
- Mesure du rendement
- Traçage de signalisation
- Gestion des enregistrements de détail des appels (CDR)

Le logiciel d'arrière-plan comprend les parties suivantes:

- Logiciel OMU: Il s'exécute sur une carte OMU dans un sous-programme OSTA 2.0. En tant que combinaison du serveur de communication et du serveur de base de données, le logiciel OMU est l'unité essentielle du logiciel d'exploitation, d'administration et de maintenance (OAM) sur le client. Il transmet les commandes O & M d'un poste de travail à l'hôte et envoie des réponses ou des résultats d'exécution de commande de l'hôte au poste de travail.
- Logiciel iGWB: C'est le composant principal du système de gestion CDR. Il stocke et sauvegarde les CDR générés par les modules de traitement de service (modules WCCU) du MSOFTX3000 sur les disques durs et fournit des interfaces de facturation au centre de facturation via FTP ou SFTP.
- Logiciel LMT: Il fonctionne sur un poste de travail. Il se connecte à l'OMU et à l'iGWB en tant que client et fournit des terminaux graphiques basés sur MML. Un poste de travail peut être localisé localement ou à distance. Par exemple, un poste de travail distant peut se connecter au serveur OMU via un réseau étendu (WAN) en mode d'accès distant.

I.1.4.3. Structure du système

La structure du système MSOFTX3000 comprend des bus système et quatre sous-systèmes, à savoir un sous-système de gestion de l'équipement, un sous-système électromécanique, un sous-système de commutation et un sous-système de traitement de service.

Le sous-système de commutation joue le rôle de pivot et le sous-système de traitement de service joue le rôle de noyau. Ils constituent, avec le sous-système de gestion de l'équipement et du sous-système électromécanique, une puissante plate-forme de traitement des services. Les bus système permettent la communication entre les sous-systèmes et les cartes. La figure 7 montre la structure du système MSOFTX3000.

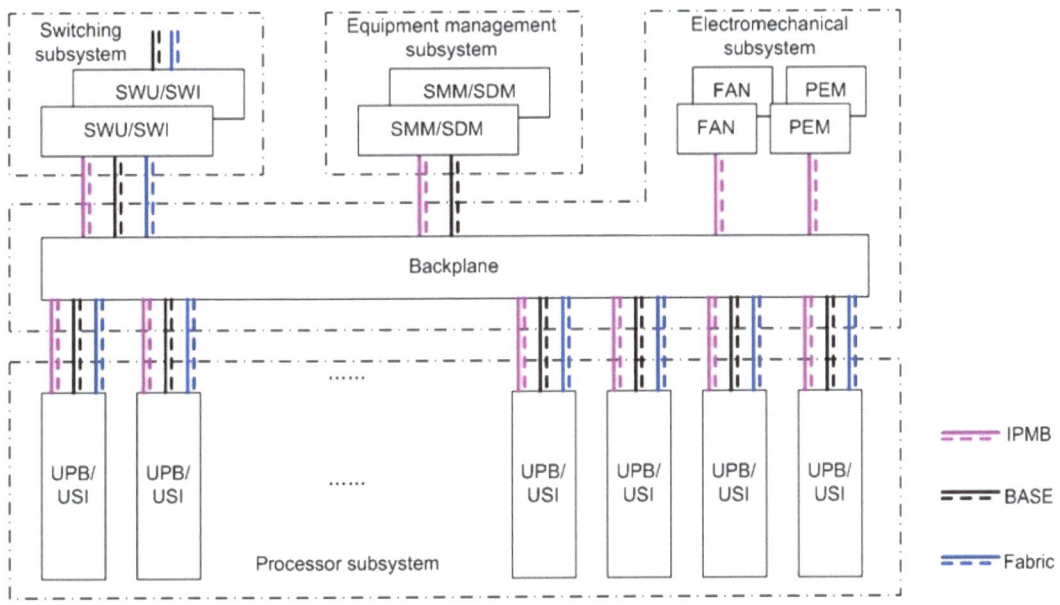

Figure 7: structure du system du MSOFTX3000

I.1.4.3.1. Sous système de gestion de l'équipement

Le sous-système de gestion d'équipement comprend les modules de gestion d'étagère (SMM), les modules de données de sous-carte (SDM) et les contrôleurs de gestion de carte de base (BMC) sur les cartes et les modules. Il remplit les fonctions de surveillance de l'état, de gestion de l'équipement, de maintenance du matériel, ainsi que de gestion des alarmes et des statistiques.

I.1.4.3.2. Sous système électromécanique

Le sous-système électromécanique comprend des modules de distribution d'énergie, des modules de commande de ventilateur et le fond de panier. Le module de distribution d'alimentation fournit des alimentations redondantes et des filtres d'alimentation pour le système. Le module de contrôle du ventilateur surveille et contrôle la température de l'équipement. Le fond de panier, conforme aux spécifications PICMG 3.0, fournit des entrées d'alimentation et une interconnexion de signaux pour différentes cartes dans le bac à cartes.

I.1.4.3.3. Sous système de commutation

Le sous-système de commutation comprend les unités de commutation (SWU) et les unités d'interface de commutation (SWI), qui sont conformes aux spécifications PICMG 3.0 et 3.1. Les SWU sont des cartes de façade et les SWI sont des cartes arrières des SWU et qui fournissent les interfaces de connexion aux cartes SWU. Conçu avec une structure à deux étoiles, le sous-système de commutation remplit les fonctions de contrôle du système ainsi que d'échange de données et d'interconnexion sur le plan de service.

I.1.4.3.4. Sous système de traitement de service

Le sous-système de traitement de service comprend les cartes de traitement universelles (UPB : Universal Process Blades). Equipé de processeurs multi-core haute performance, chaque UPB offre de puissantes capacités de traitement. En outre, il fournit des interfaces de service abondantes en utilisant une carte d'interface. Un UPB peut fonctionner comme une carte de traitement de service, une carte d'unité d'exploitation et de maintenance (OMU) ou une carte iGWB après avoir exécuté le logiciel correspondant.

Le sous-système de traitement de service comprend les types de cartes logiques suivantes:

- cartes de traitement de service. Leurs fonctions sont:
    - Traitement de service
    - Fonctionnement et maintenance par interfonctionnement avec l'OMU
- Cartes serveur OMU. Leurs fonctions sont:
    - Synchronisation OMU: implémentation de la redondance des ressources OMU en utilisant le mode dual-node et la synchronisation des données.
    - Synchronisation de l'horloge: fournir des informations d'horloge précises à tous les modules du système.
    - Synchronisation de l'heure: fournir des informations de temps précises à tous les modules du système.

- Gestion du commutateur LAN: gestion des commutateurs LAN externes.
- Gestion des licences: gestion des fonctions de licence.
- Exploitation et maintenance: implémentation de la gestion de la configuration, des erreurs et des performances avec le tableau de traitement des services.

- les cartes iGWB. Leurs fonctions sont:
  - Gestion de la charge: mise en œuvre de la gestion de la charge avec le processus WCCU et le centre de charge.

Le tableau 1 présente les différents processus contenus dans chaque carte physique du MSOFTX3000 de Huawei.

Service processing board (UPBA0)	Host software/application software/system support software	MON, IMU, RMU
	Host software/application software/system support software and maintenance software	IMU, RMU
	Host software/application software/ and database software	WCDB, WVDB
	Host software/application software/ and signaling bearer software	WIFM, WBSG
	Host software/application software/ and service processing software	WCCU
Server board (UPBA1)	Background software/OMU software	MIRROR, OMUMONITOR, MML, LMT-SRV, SOAP-AGT, SNMP-AGT, SNMP-MGR
	Background software/iGWB software	AP, QBM

Tableau 1 : répartition des processus par carte

I.2. Le réseau de signalisation de VIETTEL CMR S.A.

VIETTEL CMR S.A. troisième opérateur, a déployé des réseaux mobiles 2G et 3G, plus précisément GSM et UMTS sur un réseau de transmission tout IP. Dans son l'architecture logique de déploiement de ses réseaux mobiles, les messages de signalisation suivent les normes standards définies par l'ITU et le 3GPP tandis que son architecture physique nous présente le chemin emprunter par les messages de signalisation. Ses cœurs de réseaux, Circuit (CS) et paquet (PS), sont eux aussi bien conçus pour recevoir des messages de signalisation et fournir le service demandé.

I.2.1. Architecture physique détaillée du réseau.

Cette architecture comporte les réseaux mobiles GSM et UMTS avec les BTS et NodeB connectées sur les routeurs des différents METROs.

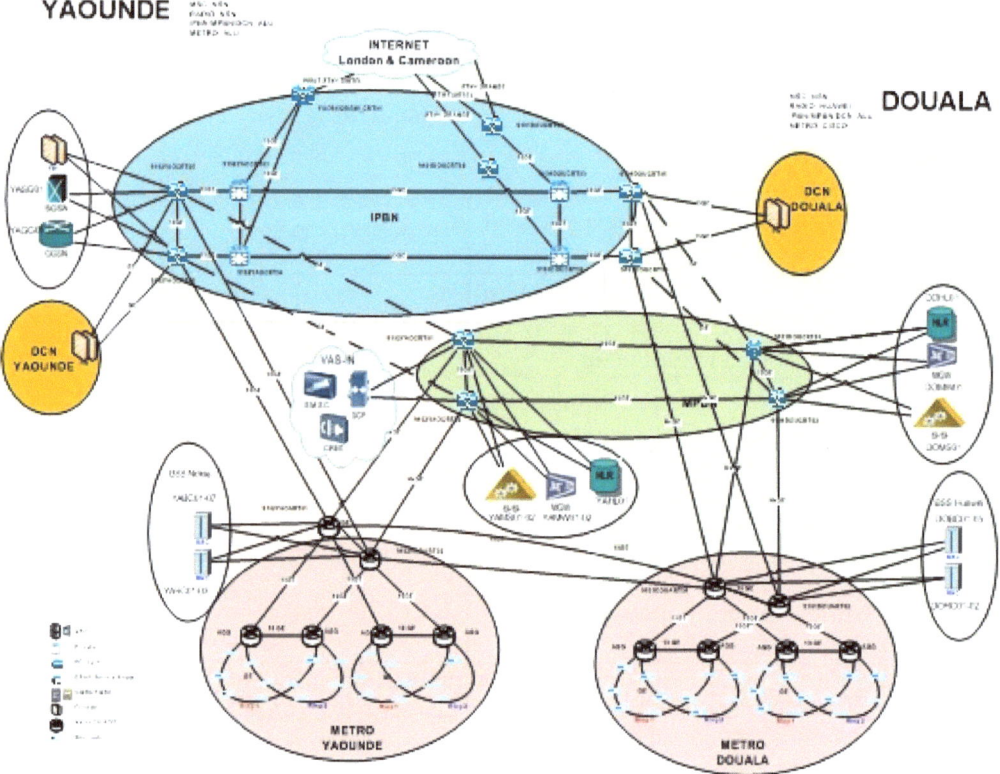

Figure 8: Architecture du réseau de VIETTEL CMR S.A.

Le cœur de réseau est divise en deux domaines constitué chacun des équipements spécifiques : PS domain and CS domain.

Le CS domain assurant la commutation de circuits est constitué de :

- 3 MSS (MSC Servers) dont 1 à douala et 2 à Yaoundé ;
- 3 MGW donc 1 à douala et 2 à Yaoundé ;
- 2 HLRs répartis entre Yaoundé et douala.

Le PS domain assurant la commutation de paquets est constitué de :

- 1 SGSN à Yaoundé ;
- 1 GGSN à Yaoundé ;
- 2 Pare-feu à Yaoundé.

Le réseau d'accès est constitué de :

- 12 BSC (7 Nokia et 5 Huawei). Les BSCs NOKIA sont installé à Yaoundé et les Huawei à Douala.
- 6 RNC (4 Nokia et 2 Huawei). Les RNCs NOKIA sont installé à Yaoundé et les Huawei à Douala.
- des milliers de BTS et NodeB dans les 10 régions du Cameroun.

Pour la fourniture des services, le réseau de VIETTEL CMR S.A. dispose des plateformes de services suivantes toutes du fournisseur ZTE: 1 MMSC, 1 VMSC, 1 SMSC, 1 WAPGW, 1 USSD, 1 MCA, 1 CRBT et 1 OCS.

I.2.2. Architecture du cœur de réseau circuit (CS Core domain).

Le domaine CS Core est constitué des MSC Servers, MGWs et HLRs tous interconnectés par une transmission IP. La figure ci-dessous nous présente l'architecture du cœur de réseau circuit de Viettel Cmr S.A

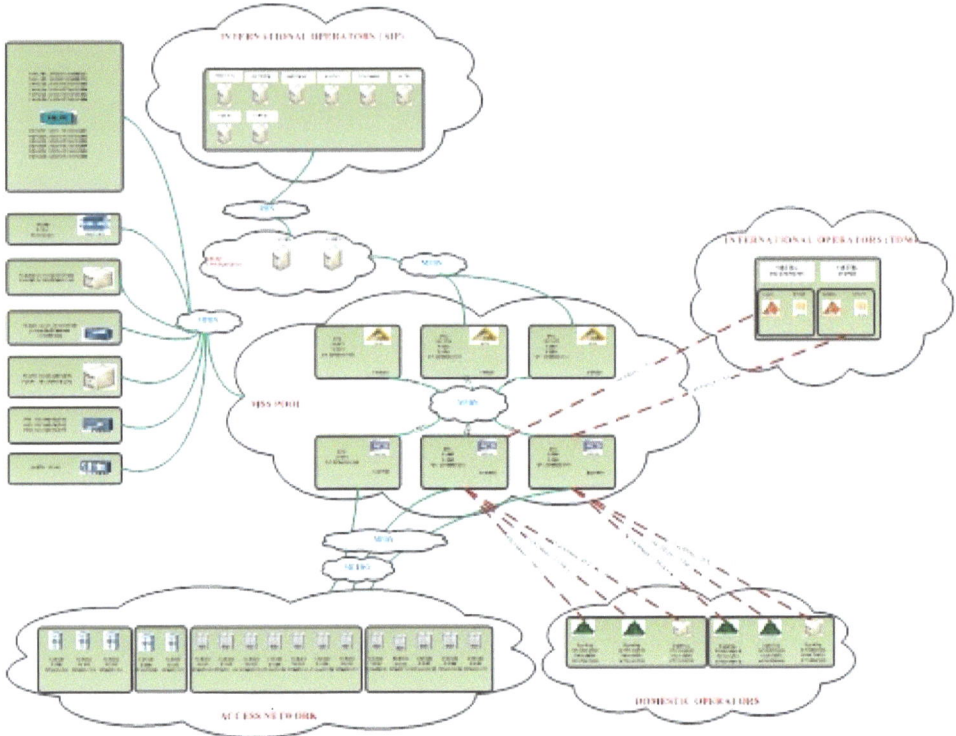

Figure 9: Architecture du cœur de réseau circuit (CS Core).

Ces équipements assurent les fonctions suivantes :

- Le MSC Server prend en charge les fonctions de contrôle d'appel et de contrôle de la mobilité du MSC. Le MSC Server est associé à un VLR afin de prendre en compte les données des usagers mobiles. Le MSC Server termine la signalisation usager-réseau et la convertit en signalisation réseau-réseau correspondante. Par contre, il ne réside pas sur le chemin du média. Par ailleurs il contrôle le MGW afin d'établir, maintenir et libérer des connexions dans le MGW. Une connexion représente une association entre une terminaison en entrée et une terminaison en sortie du MGW. Par exemple, la terminaison en entrée peut correspondre à une terminaison d'un circuit de parole (Interface A) alors que la terminaison en sortie peut être assimilée à un port de communication RTP/UDP/IP ;
- Le MGW reçoit un trafic de parole du BSC ou du RNC et le route sur un réseau IP. L'interface Iu-CS (Interface entre RNC et MSC) ou l'interface A (Interface entre BSC et MSC) se connecte dorénavant sur l'entité CS-MGW afin que le trafic audio puisse être transporté sur RTP/UDP/IP. Le transport sera typiquement assuré par RTP/UDP/IP afin de réutiliser le backbone IP du réseau GPRS.

- Le HLR est la base de données contenant des données pertinentes concernant les abonnés autorisés à utiliser les réseaux mobile GSM/UMTS de VIETTEL CMR S.A. Le HLR stocke les informations tel que : l'identité internationale d'abonné mobile (IMSI), le numéro d'annuaire d'abonné international de station mobile (MSISDN) de chaque abonnement, les services demandés par ou rendus à l'abonné correspondant, les paramètres généraux du service de radiocommunication par paquets de l'abonné, l'emplacement actuel de l'abonné et les paramètres de renvoi d'appel.

I.2.3. Architecture du cœur de réseau paquet (PS Core domain).

Il est constitué de SGSN, GGSN et Pare-feu. La figure 10 ci-dessous nous présente l'architecture du cœur de réseau circuit de VIETTEL CMR S.A. Les réseaux GSM/UMTS partagent le même PS core pour donner un accès à internet aux abonnés.

- Le SGSN fournit un certain nombre de prises axées sur les éléments IP du système global. Il fournit une variété de services aux mobiles tels que : le routage et transfert de paquets, gestion de la mobilité, attacher / détacher, gestion de lien logique, authentification et chargement des données Il y a un registre de localisation dans le SGSN et cela stocke des informations de localisation (par exemple, cellule actuelle, VLR actuelle). Il stocke également les profils d'utilisateur (par exemple, IMSI, adresses de paquets utilisées) pour tous les utilisateurs GPRS enregistrés avec le SGSN particulier.
- Le GGSN est l'une des entités les plus importantes de l'architecture réseau. Il organise l'interfonctionnement entre le réseau et les réseaux externes à commutation par paquets auxquels les mobiles peuvent être connectés. Ceux-ci peuvent inclure les réseaux Internet et X.25. Il peut être considéré comme une combinaison d'une passerelle, d'un routeur et d'un pare-feu, car il masque le réseau interne vers l'extérieur. En fonctionnement, lorsque le GGSN reçoit des données adressées à un utilisateur spécifique, il vérifie si l'utilisateur est actif, puis transmet les données. Dans la direction opposée, les données de paquets provenant du mobile sont acheminées vers le bon réseau de destination par le GGSN.

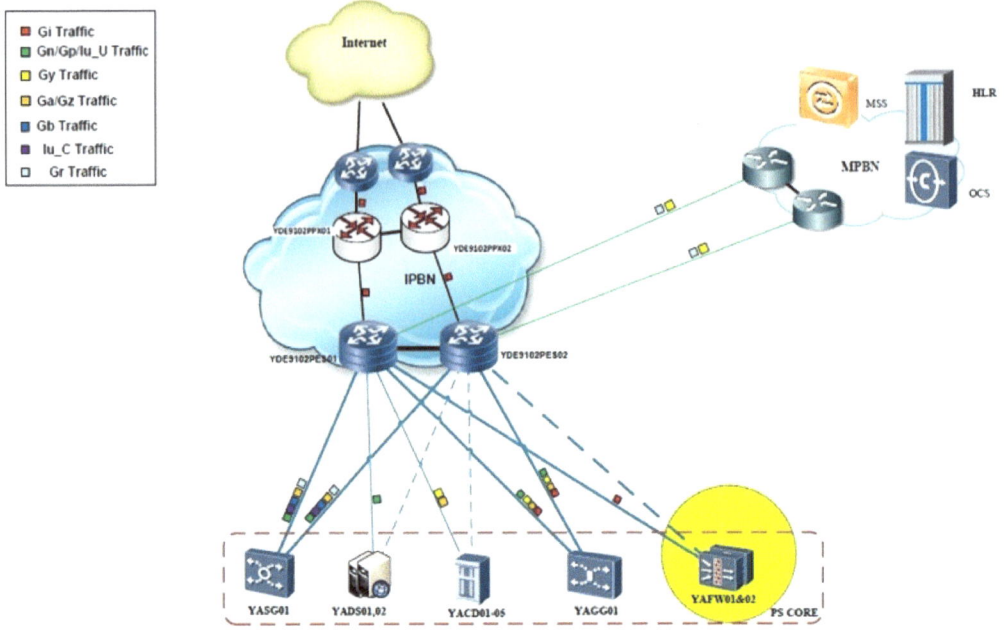

Figure 10: Architecture du cœur de réseau paquet (PS Core).

I.2.4. Flux de trafic des services voix et data 2G/3G.

Les figures 11 et 12 présentent les flux de trafic des services voix et data dans le réseau.

La signalisation dans les réseaux de télécommunication mobile: Architectures, Protocoles et Services

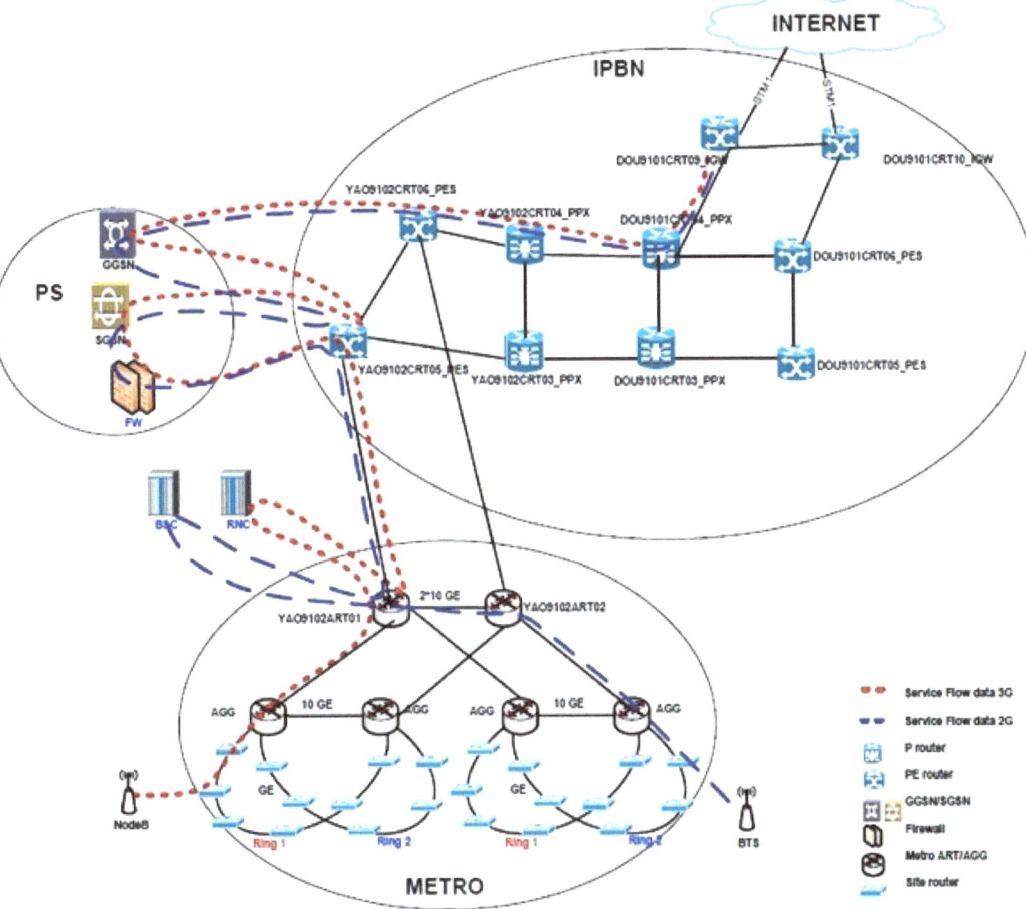

Figure 11: Flux de service data 2G/3G

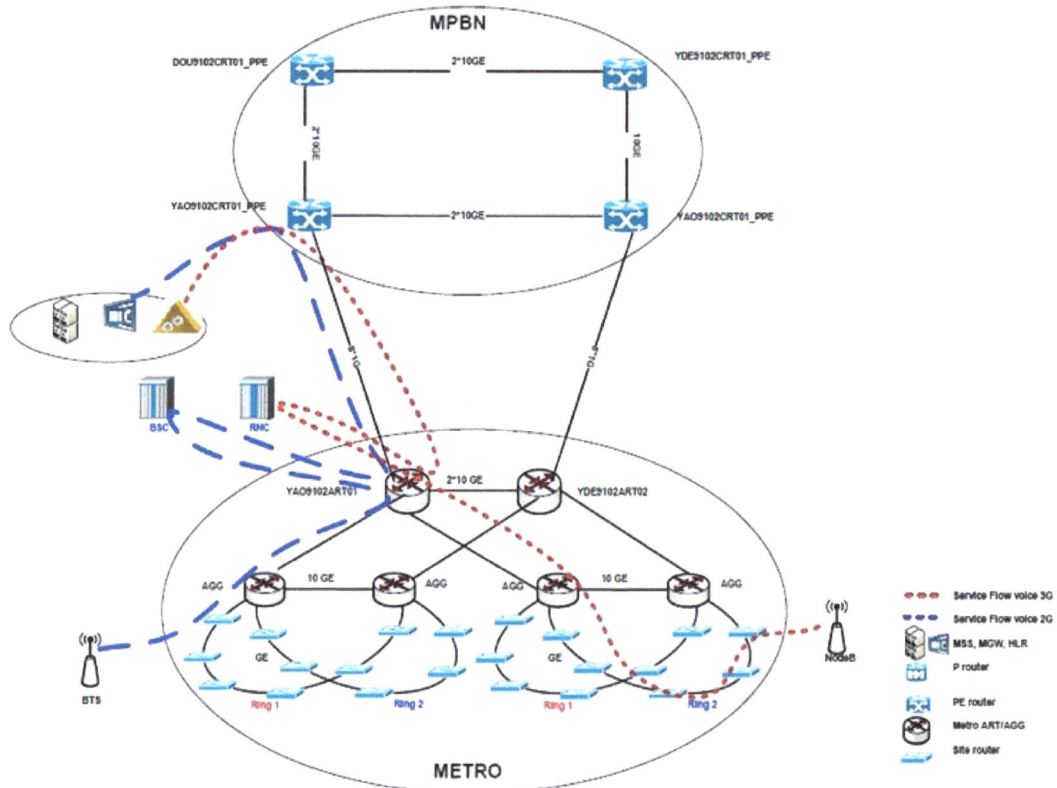

Figure 12: Flux de service voix 2G/3G.

Chapitre II. Signalisation SS7/SIGTRAN dans les réseaux mobiles.

Comme présenté sur les figure 1, 2, 4 et 9 des architectures réseaux CS de Camtel et Nexttel, les réseaux de transmission de ces deux opérateurs sont basés sur IP. Ils transportent le trafic des abonnés ainsi que celui de la signalisation. Comme signalisation pour le domaine CS, ces opérateurs utilisent un réseau SS7 [1] sur IP (SS7 over IP) encore appelé signalisation SIGTRAN (Signaling Transport) pour le transport des messages SS7 sur IP. Les protocoles SIGTRAN spécifient les moyens par lesquels les messages SS7 peuvent être transportés de manière fiable sur des réseaux IP.

II.1. Pile de protocole de SIGTRAN.

Les figures 13, 14 et 15 regroupent la pile de protocole appliquée aux différents équipements des réseaux GSM et UMTS utilisant la signalisation SIGTRAN/SS7 pour le transport de la signalisation.

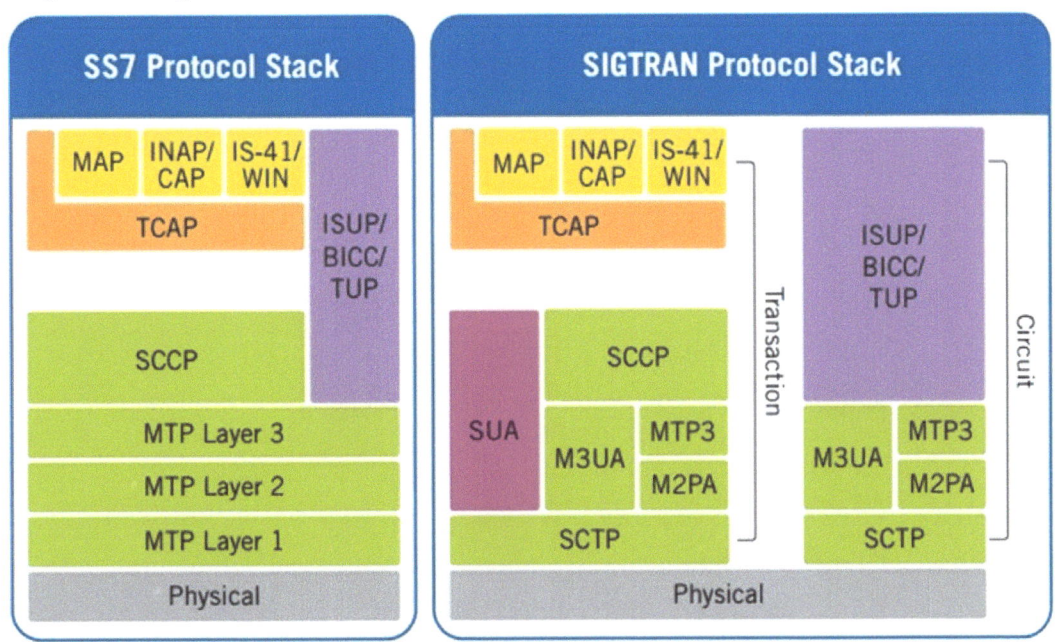

Figure 13: Piles de protocoles SS7 et SYGTRAN.

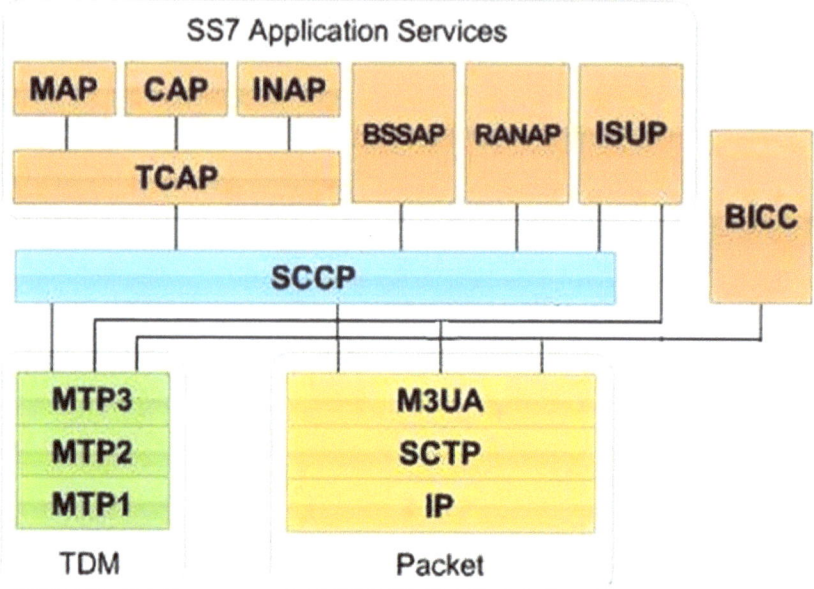

Figure 14: Services SS7 sur circuit (TDM) et Packet.

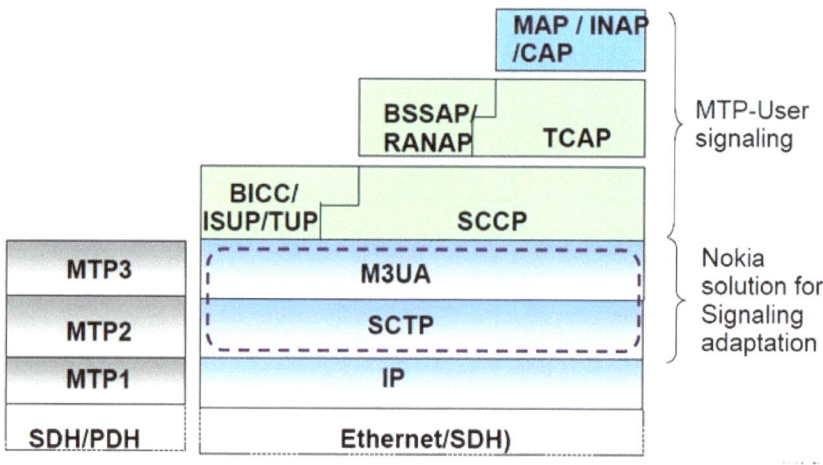

Figure 15: Pile de protocoles de SIGTRAN présenté par NOKIA.

Tel que présenté dans les figures 13, 14 et 15, Les protocoles SIGTRAN remplacent les couches basses de la pile de protocole initiale de SS7 (MTP1, MTP2 et MTP3) pour que les messages de signalisation SS7 puissent être transportés sur IP. La pile de protocoles SIGTRAN inclut les protocoles suivants (Voir la figure 13 pour leur emplacement dans la pile de protocoles):

II.1.1. Protocole SCTP.

SCTP [2] est un nouveau protocole de transport fiable qui fonctionne au-dessus d'un réseau de paquets sans connexion tel que IP, et fonctionne à la même couche que TCP. Il établit une connexion entre deux points de terminaison, appelée association, pour la transmission de messages d'utilisateurs. Pour établir une association entre les points de terminaison SCTP, un point de terminaison fournit à l'autre une liste de ses adresses de transport (une ou plusieurs adresses IP en combinaison avec un port SCTP). Ces adresses de transport identifient les adresses qui enverront et recevront les paquets SCTP. SCTP a été développé pour éliminer les déficiences du protocole TCP et offre un transport de données utilisateur reconnu, sans erreur et non dupliqué. Le trafic de signalisation IP est généralement composé de nombreuses séquences de messages indépendantes entre de nombreux points d'extrémité de signalisation différents. Le protocole SCTP permet d'ordonner indépendamment les messages de signalisation dans plusieurs flux (canaux logiques unidirectionnels établis d'un point de terminaison SCTP à un autre) afin d'assurer une remise en séquence entre les points d'extrémité associés. En transférant des séquences de messages indépendantes dans des flux SCTP distincts, il est moins probable que la retransmission d'un message perdu affecte la livraison en temps opportun d'autres messages dans des séquences non liées (appelées blocage de tête de ligne). Étant donné que TCP impose le blocage de tête de ligne, le groupe de travail SIGTRAN recommande SCTP plutôt que TCP pour la transmission de messages de signalisation sur des réseaux IP.

II.1.2. Protocole M2PA.

Le protocole M2PA [3] facilite l'intégration des réseaux SS7 et IP en permettant aux nœuds des réseaux à commutation de circuits d'accéder à des bases de données IP et à d'autres nœuds dans les réseaux IP en utilisant la signalisation SS7. À l'inverse, M2PA permet aux applications IP d'accéder aux bases de données SS7 telles que la portabilité des numéros locaux, les cartes d'appel, les numéros de téléphone gratuits et les bases de données d'abonnés mobiles.

Le M2PA remplace directement les circuits TDM à canaux car il dispose de contrôles spécifiques pour l'assurance de la livraison en séquence des messages. En tant que tel, M2PA est nécessaire pour connecter des points qui transmettent des données liées à l'appel qui sont sensibles au temps, telles que les données d'appel ISUP. Les procédures d'encombrement sont conformes à celles spécifiées par les normes ANSI / ITU. Le protocole M2PA peut coexister dans un ensemble de liaisons avec d'autres types de liaisons, tels que des liaisons à basse vitesse et des liaisons ATM à grande vitesse. Lorsque vous utilisez d'autres types de liens, le débit correspond toujours au lien le plus bas du jeu de liaisons.

II.1.3. Protocole M3UA.

M3UA [5] transporte de manière transparente les messages de signalisation de partie utilisateur SS7 MTP3 [4] sur IP à l'aide de SCTP. Les points d'extrémité IP connectés à M3UA ne doivent pas nécessairement se conformer à la topologie SS7 standard, car chaque association M3UA ne nécessite pas de liaison SS7; il n'y a pas de restrictions de 16 liens par liens. Chaque extrémité IP connectée à M3UA peut être adressée par un code de point SS7 unique à partir du code de point de la passerelle de signalisation.

Une clé de routage définit un ensemble de connexions IP en tant que chemin réseau pour une partie du trafic SS7, et constitue la passerelle de signalisation IETF équivalente à la route SS7 d'un point de transfert de signal. Les clés de routage sont prises en charge par les protocoles M3UA pour partitionner le trafic SS7 en utilisant des combinaisons de code de point de destination (DPC), code de point d'origine (OPC), indicateur de service (SI), indicateur de réseau (NI), SSN ou les champs de message du code d'identification de circuit (CIC). M3UA n'a pas de limite de longueur de champ d'information de signalisation (SIF) de 272 octets comme spécifié par certaines variantes MTP3 SS7. Les blocs d'information plus grands peuvent être pris en charge directement par M3UA / SCTP sans avoir besoin d'une procédure de segmentation ou de réassemblage de couche supérieure comme spécifié par les normes SCCP et ISUP. Toutefois, une passerelle de signalisation appliquera la limite maximale de 272 octets lorsqu'elle est connectée à un réseau SS7 qui ne prend pas en charge le transfert de blocs d'informations plus importants vers la destination.

Au niveau de la passerelle de signalisation, M3UA indique aux utilisateurs MTP3 distants aux points d'extrémité IP lorsqu'un point de signalisation SS7 est accessible ou inaccessible ou lorsque l'encombrement ou les restrictions du réseau SS7 se produisent.

II.1.4. Protocole SUA.

SUA [6] transporte tout message de signalisation SS7 SCCP sur IP en utilisant SCTP, et est utilisé entre une passerelle de signalisation et un point de terminaison de signalisation, ou entre des points terminaux de signalisation. SUA est utilisé pour diriger les requêtes vers le bon processus serveur d'applications basé sur IP. Il remplace la couche SCCP par sa propre couche SUA et est utilisé lorsque la source et la destination sont toutes les deux IP.

Une passerelle de signalisation peut déterminer le "saut suivant" en utilisant les traductions de titres globales délivrées dans l'adresse de l'abonné appelé de l'unité de signalisation de message (MSU).

Les couches hautes sont restes les même et garde les mêmes fonctions à savoir :

II.1.5. Protocole BICC.

Le protocole BICC [7] (Bearer Independent Call Control) est utilisé par l'interface Nc dans le domaine R4 CS du projet de partenariat de troisième génération (3GPP) pour prendre en charge la connexion d'appel entre serveurs MSC. L'aboutissement du protocole BICC est une étape historique car il sépare le contrôle d'appel du contrôle support de transport, permettant à la signalisation de contrôle d'appel de traverser différents réseaux de transport, y compris le mode de transfert asynchrone (ATM), IP et MTP (Message Transfer Part). Ce protocole est basé sur le protocole ISUP et a été adapté pour prendre en charge les services RNIS indépendamment de la technologie de support et de la technologie de transport des messages de signalisation utilisés.

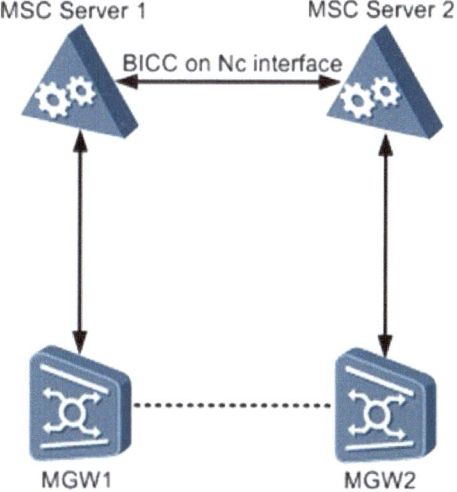

Figure 16: Application du protocole BICC.

II.1.6. Protocole ISUP.

L'ISUP [8] fait partie du système de signalisation n ° 7 (SS7). L'ISUP définit le protocole et les procédures utilisés pour configurer, gérer et libérer les circuits interurbains qui acheminent des appels vocaux et de données sur le réseau téléphonique public commuté. ISUP est utilisé pour les appels RNIS et non RNIS. Les appels qui proviennent et se terminent au même commutateur n'utilisent pas la signalisation ISUP. Les messages de la partie utilisateur du RNIS sont acheminés sur la liaison de signalisation au moyen d'unités de signalisation. Le champ d'information de signalisation de chaque unité de signalisation de message contient un message de partie utilisateur RNIS constitué d'un nombre entier d'octets.

II.1.7. Protocole MAP.

Les messages d'application mobile MAP [9] envoyés entre les commutateurs mobiles et les bases de données pour prendre en charge l'authentification de l'utilisateur, l'identification de l'équipement et l'itinérance sont acheminés par le TCAP dans les réseaux mobiles (IS-41 et GSM). Le registre de localisation de visiteur intégré demande des informations de profil de service à partir du HLR en utilisant les informations MAP (partie d'application mobile) véhiculées dans les messages TCAP.

II.1.8. Protocole SCCP.

Le protocole SCCP [10] offre des améliorations au niveau MTP 3 pour fournir des services de réseau sans connexion et orientés connexion, ainsi que pour adresser des capacités de traduction. Les améliorations du protocole SCCP au protocole MTP fournissent un service réseau équivalent à la couche réseau du modèle OSI.

II.1.9. Protocole TCAP.

Le protocole TCAP [11] permet le déploiement de services de réseaux intelligents avancés en prenant en charge l'échange d'informations hors circuit entre les points de signalisation à l'aide du service sans connexion SCCP. Les messages TCAP sont contenus dans la partie SCCP d'un MSU. Un message TCAP comprend une partie de transaction et une partie de composant.

II.1.10. Protocole RANAP

Le Protocole RANAP [12] maintient le plan de contrôle Iu-interface, manipulant ainsi activités entre le RAN et le CN.

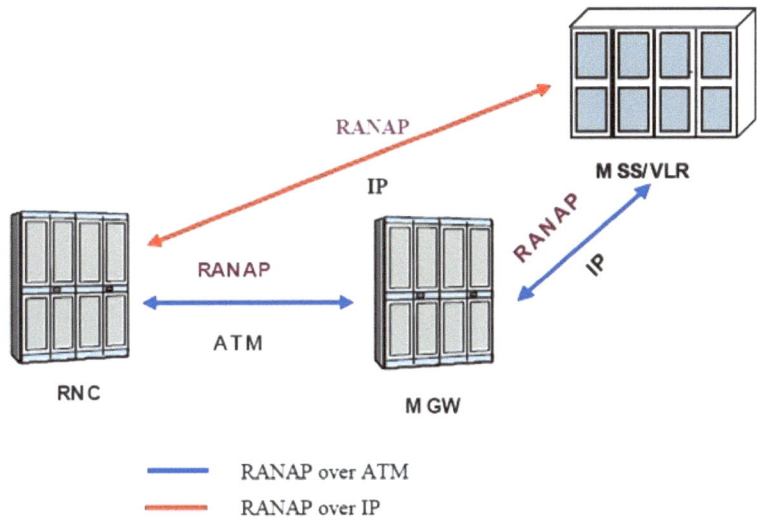

Figure 17: Application du protocole RANAP.

II.1.11. Protocole SIP.

Le protocole SIP [13] offre des fonctionnalités similaires à celles du protocole de signalisation BICC. Il peut être utilisé uniquement pour établir des connexions de plan d'utilisateur sur le réseau IP.

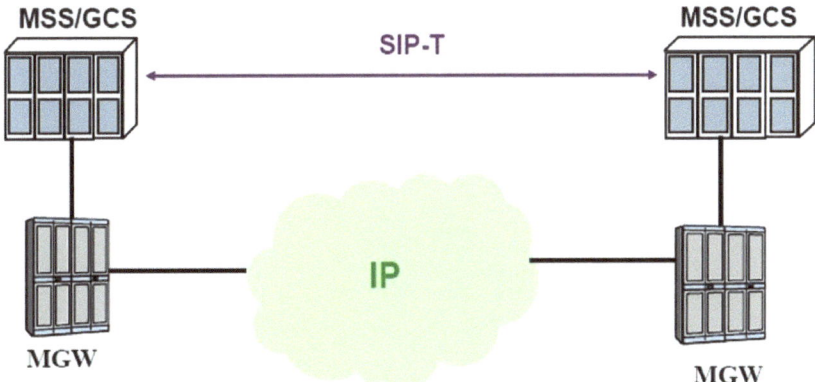

Figure 18: Application du protocole SIP.

II.1.12. Protocoles MEGACO / H.248.

Le protocole H.248 [14] est utilisé dans l'interface Mc entre MSC Server et MGW. Le MSC Server contrôle les terminaisons et les contextes du plan utilisateur dans MGW via l'interface Mc.

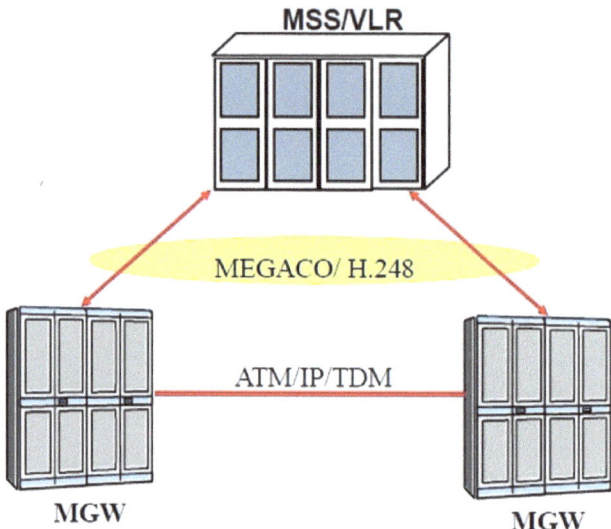

Figure 19: Application des protocoles MEGACO / H.248.

Ce modèle est appliqué aux différentes interfaces des réseaux mobiles GSM/UMTS pour le transport de la signalisation tel que présente dans l'architecture de la figure 20 :

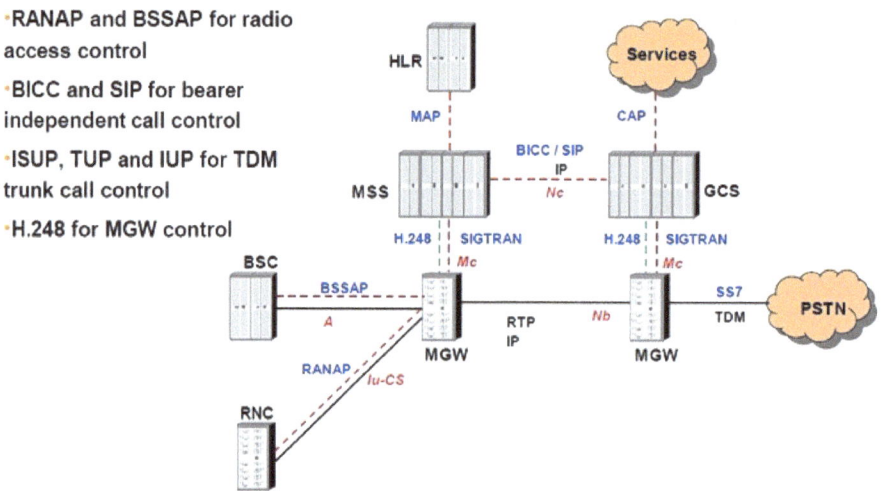

Figure 20: Protocol de signalisation sur les interfaces des réseaux GSM/UMTS.

II.2. Transport de signalisation SS7 sur IP (réseau SIGTRAN SS7 sur IP)

Les protocoles SIGTRAN connectent des contrôleurs de passerelle média (MGCs), des passerelles de signalisation (SGs), des commutateurs, des bases de données et d'autres applications de signalisation de nouvelle génération IP ou IP à l'architecture traditionnelle de signalisation à commutation de circuits; voir la figure 14.

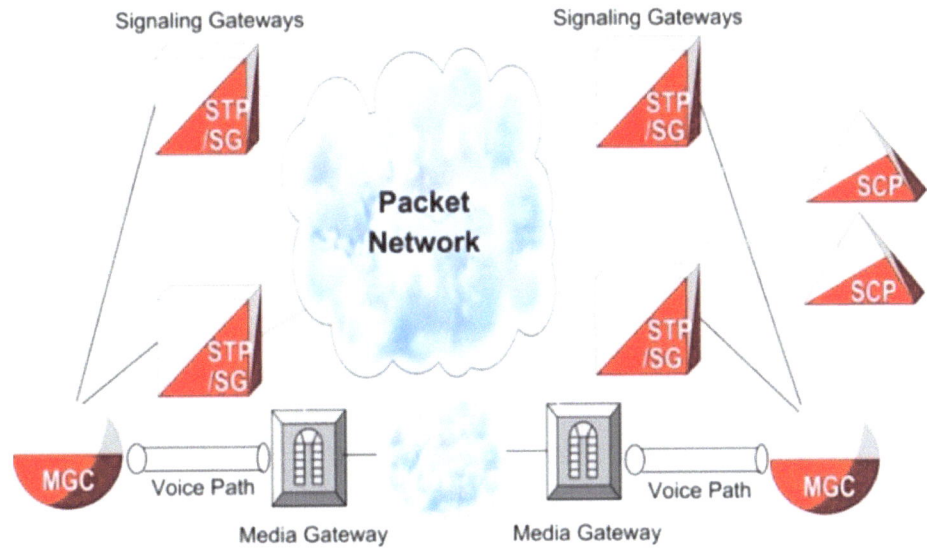
Figure 21: Réseau SS7 sur IP

Dans les réseaux SS7 sur IP, les signaux SS7 traditionnels d'un commutateur de téléphonie sont transmis à une passerelle de signalisation qui enveloppe les signaux dans un paquet IP pour transmission par IP à la prochaine passerelle de signalisation ou à un contrôleur MGC, autres points de contrôle de service (SCP) ou des centres de commutation mobiles (MSC). Les protocoles SIGTRAN définissent comment les messages SS7 peuvent être transportés de manière fiable sur le réseau IP.

La passerelle de signalisation joue un rôle essentiel dans le réseau intégré et est souvent déployée par groupes de deux ou plus pour assurer une haute disponibilité. La passerelle de signalisation fournit un interfonctionnement transparent de la signalisation entre les réseaux TDM et IP. La passerelle de signalisation peut mettre fin à la signalisation SS7 ou traduire et relayer des messages sur un réseau IP vers un point de signalisation (SEP) ou une autre passerelle de signalisation, qui peuvent être des dispositifs physiques distincts ou intégrés dans une combinaison quelconque.

II.3. Processus d'encapsulation du message SS7 dans le paquet IP

La figure 22 et la description suivante montrent comment les messages SS7 [1] sont encapsulés et envoyés sur un réseau IP à un hôte dans un autre réseau.

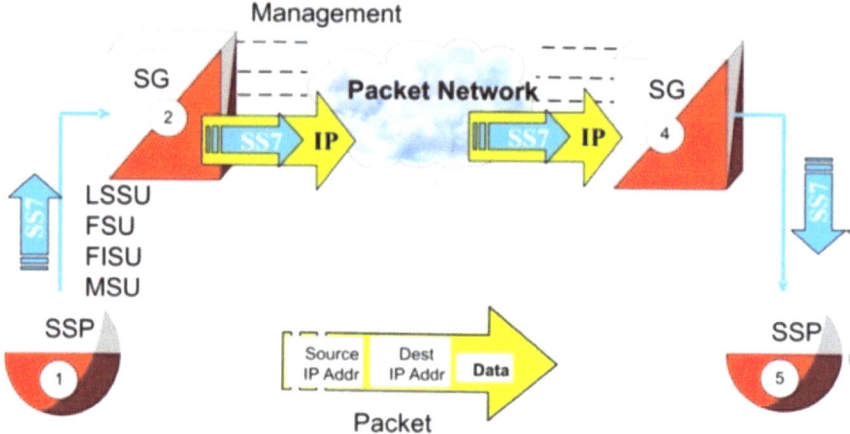

Figure 22: Processus d'encapsulation du message SS7 dans le paquet IP.

1. Un point de signalisation émet un message SS7, sans savoir qu'il y a une signalisation IP dans le réseau. Le message contient des unités de signalisation d'état de liaison (LSSU), des unités de signal de remplissage (FISU), des unités de signal final (FSU) et des unités de signal de signalisation (MSU).

2. La passerelle de signalisation reçoit le paquet SS7 et encapsule toutes les informations SS7 nécessaires dans la section de données du paquet IP. Le paquet comprend les données, la source et l'adresse IP de destination.

3. Le paquet parcourt le réseau IP. Le réseau ne sait pas qu'il fournit des données SS7. Il n'est pas nécessaire de modifier les routeurs ou les passerelles en cours de route.

4. Le paquet est livré à la passerelle de signalisation sur le réseau de réception. Les informations SS7 sont récupérées à partir du paquet IP.

5. Un paquet SS7 bien formé est envoyé au point de signalisation de destination.

II.4. Communication à l'intérieur du Backbone IP ou WAN

La figure 23 et la description suivante montrent le routage à l'intérieur du backbone IP ou

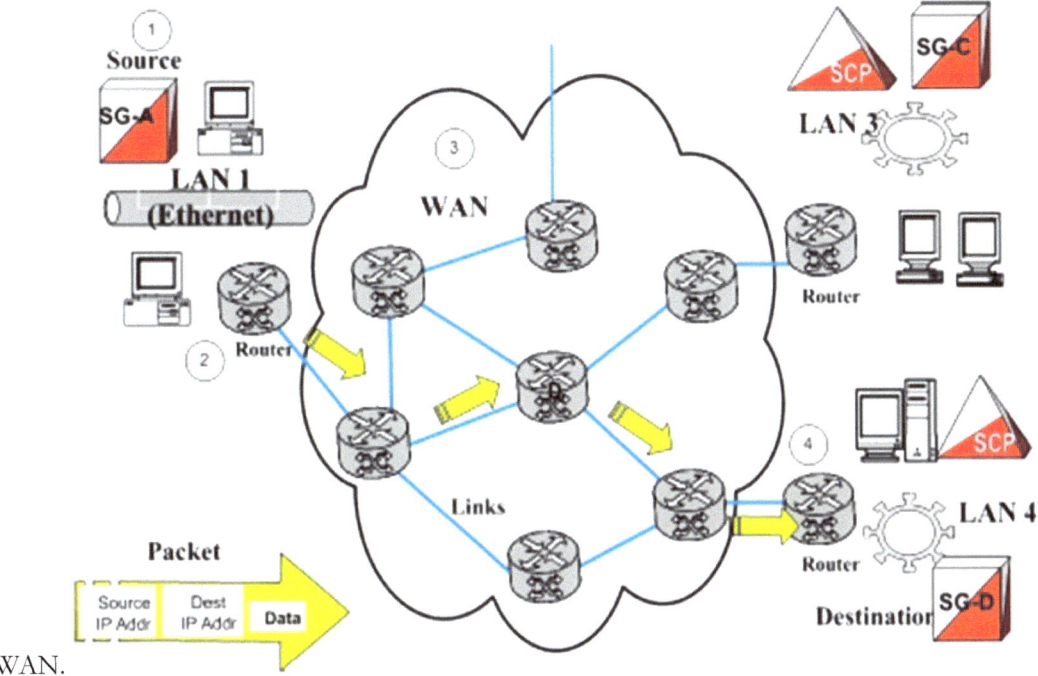

WAN.

Figure 23: Communication à l'intérieur du Backbone IP

1. L'hôte source (Signaling Gateway) crée un paquet avec une adresse IP de destination.

2. Un routeur sur le réseau local convertit le paquet au protocole WAN et le place sur le WAN.

3. Chaque routeur sur le WAN regarde l'adresse IP de destination et détermine le port vers lequel il transmet le paquet. Chaque routeur a besoin de savoir seulement comment rapprocher le paquet de la destination.

4. Le routeur final convertit le paquet au format LAN local et le livre à l'hôte de destination.

II.5. Avantage de la migration vers un réseau SIGTRAN (SS7 sur IP)

Il y a de nombreux avantages de passer à un réseau SS7 sur IP. Le réseau qui en résulte offre une meilleure rentabilité, une capacité accrue qui peut être étendue au besoin, une qualité de service (QoS) élevée, y compris la redondance et la sécurité, et un déploiement efficace en utilisant l'équipement existant.

II.5.1. Rentabilité

Les réseaux SS7 sur IP réduisent les dépenses de capital et d'exploitation du réseau. SIGTRAN est basé sur le protocole IP; Ces réseaux utilisent des interfaces réseau standard, des câbles, des commutateurs et des logiciels. Les améliorations de la technologie et les réductions de coûts dans l'industrie générale de l'informatique peuvent être facilement appliquées dans les applications de signalisation. En tant que standard de l'industrie, SIGTRAN permet aux clients d'interopérer dans un environnement multifournisseur.

Le remplacement des liaisons SS7 point-à-point long-courrier entre les éléments de réseau par une connectivité IP peut réduire les coûts récurrents de transport de signalisation et le besoin de lignes TDM dédiées. La surveillance et le provisionnement du réseau IP améliorent l'efficacité des opérations.

II.5.2. Capacité accrue

Les réseaux SS7 sur IP offrent une capacité accrue. La bande passante est globalement supérieure, à la fois en raison de la capacité inhérente et du partage dynamique de la bande passante. Le trafic de données, y compris Short Message Service (SMS), peut s'exécuter plus efficacement sur SIGTRAN. Par exemple, les données SMS saturent certains réseaux SS7.

II.5.3. La flexibilité

SIGTRAN utilise le réseau IP par paquets pour définir les connexions logiques entre les périphériques. Parce que les développeurs de réseau, les planificateurs et les installateurs ne sont plus liés au déploiement de circuits fixes pour la signalisation, ils ont la possibilité de définir le réseau en fonction des besoins et des demandes. La flexibilité est la clé de l'adaptation de la bande passante à la demande. Redimensionner le réseau SS7-sur-IP peut être fait complètement par le biais du logiciel. Avec l'ancien SS7, les utilisateurs sont limités à des liaisons de 56 ou 64 kbps. Il y a également une flexibilité lors de l'ajout de capacité pour de nouvelles solutions IP et des services à valeur ajoutée; les améliorations futures sont plus transparentes.

II.5.4. L'intégration

L'activation d'un réseau avec IP ne nécessite pas d'investissements coûteux ou de mises à niveau coûteuses pour les nœuds d'extrémité existants; il permet la migration vers une architecture basée sur les paquets sans ajouter de nouveaux codes de points ou reconfigurer le réseau. Pour M2PA, il n'y a pas de changements architecturaux. Lors de l'utilisation de SIGTRAN, les traductions de routage SS7 sont les mêmes pour les jeux de liaisons TDM ou IP.

Un réseau SS7 sur IP est la première étape vers un réseau entièrement IP. La figure 7 montre la diversité des solutions possibles à l'aide des protocoles SIGTRAN. Par exemple, M3UA et SUA prennent en charge un centre de service de messages courts (SMSC) activé par IP ou un registre de localisation nominal (HLR). SS7-over-IP résout les limitations de débit héritées des standards SS7, permettant ainsi au SMSC, au HLR et à d'autres équipements de prendre en charge de lourds besoins de trafic SS7.

II.6. *Scenario de déploiement d'un réseau SIGTRAN SS7 sur IP*

Un réseau SS7 sur IP est déployé dans les cas suivants:

- La croissance du volume du trafic sur le réseau exige une capacité supplémentaire ;
- De nouveaux réseaux sont prévus ou des services IP seront ajoutés aux réseaux existants ;
- Le volume de trafic entre les points de signalisation dépasse la bande passante des liaisons de 16 liaisons ;
- Un réseau de données ou de voix sur IP est déjà présent ;
- Le trafic de signalisation est déployé sur des réseaux à très forte latence ou à perte, tels que des liaisons par satellite

Si les messages de signalisation sont transportés sur un intranet privé, la sécurité des mesures peuvent être appliquées si l'opérateur de réseau le juge nécessaire.

Chapitre III. Quelques procédures de signalisation lors de l'établissement des services.

III.1. Procédures de signalisation du domaine CS

III.1.1. Handover

Le handover UMTS [15] également connu sous le nom de réallocation fait référence au processus de transfert d'un abonné UMTS entre des contrôleurs de réseau radio (RNC) dans un réseau UMTS. Il sert les objectifs suivants:

- Garantit qu'un appel en cours n'est pas interrompu lorsqu'un abonné quitte la zone de service actuelle.
- Distribue le trafic vers une cellule adjacente pour garantir une qualité de service (QoS) fiable pour un abonné lorsque la zone de service actuelle est encombrée.

III.1.1.1. handover intra MSC

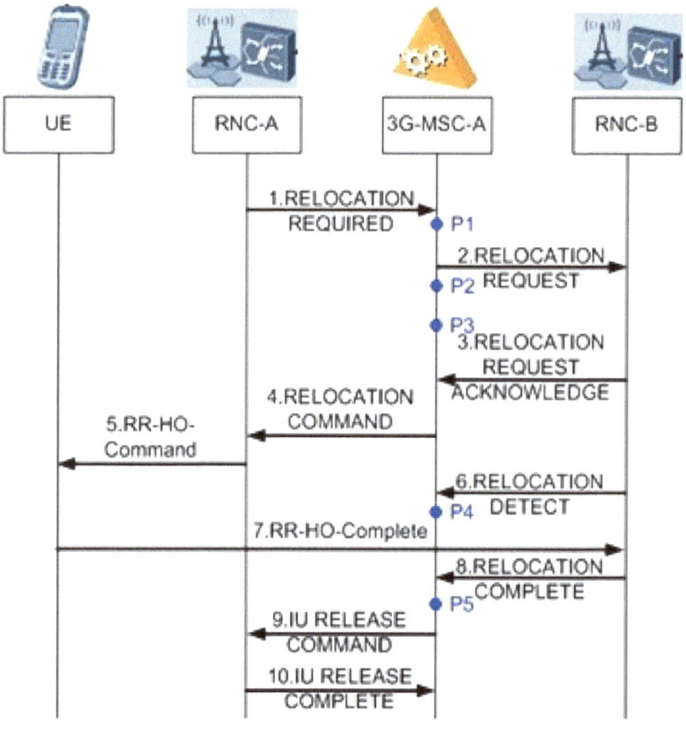

Figure 24 : Procédure de handover intra-MSC

Le flux de signalisation du handover intra-MSC de la 3G est le suivant [15]:

1. Le RNC-A envoie un message RELOCATION REQUIRED, demandant à 3G-MSC-A d'initier un handover. Le message contient des éléments d'information obligatoires (IE) tels que : relocation type, CAUSE, SourceID et TargetID.

2. A la réception du message RELOCATION REQUIRED, 3G-MSC-A interroge la table RNC-ID pour trouver le RNC cible. Si 3G-MSC-A trouve le RNC cible, il ajoute un point de terminaison pour RNC-B sur la passerelle MGW et modifie la direction du flux entre les points de terminaison dans le contexte. Ensuite, 3G-MSC-A envoie un message RELOCATION REQUEST, demandant à RNC-B d'allouer les ressources radio requises.

3. A réception du message RELOCATION REQUEST, le RNC-B alloue les ressources radio requises et configure le support d'accès avec le MGW. Ensuite, RNC-B envoie un message RELOCATION REQUEST ACKNOWLEDGE à 3G-MSC-A. Le message porte le RABID de la ressource radio nouvellement mise en place avec succès ou le RABID de la ressource radio n'ayant pas été mise en place avec succès et la cause de l'échec.

4. Si 3G-MSC-A reçoit le message RELOCATION REQUEST ACKNOWLEDGE de RNC-B, cela indique que les ressources radio sont prêtes et que l'UE peut être transféré de RNC-A à RNC-B. À ce stade, 3G-MSC-A construit un message RELOCATION COMMAND en utilisant les éléments d'information contenus dans le message RELOCATION REQUEST ACKNOWLEDGE, puis envoie le message à RNC-A.

5. Le RNC-A envoie un message RR-HO-Command, indiquant à l'UE de transférer vers RNC-B.

6. À ce stade, l'UE a détecté un nouveau canal radio. L'exigence d'accès au nouveau canal radio est satisfaite mais, en réalité, l'UE n'est pas commuté sur le canal. Comme le transfert en cours est un transfert de parole, un canal vocal doit être établi à l'avance. Par conséquent, RNC-B envoie un message RELOCATION DETECT à 3G-MSC-A. Lors de la réception du message, le

3G-MSC-A demande au MGW de changer la direction du flux entre les points d'extrémité dans le contexte, puis connecte le point d'extrémité distant au nouveau point d'extrémité pour établir un canal vocal.

7. L'UE accède au nouveau canal et envoie un message RR-HO-Complete à RNC-B.

8. Après que l'UE s'est connecté au RNC-B via le canal vocal nouvellement établi, le RNC-B envoie un message RELOCATION COMPLETE à 3G-MSC-A.

9. 3G-MSC-A envoie un message IU RELEASE COMMAND, ordonnant à RNC-A de libérer les ressources radio et les ressources média entre le RNC et le MGW.

10. Après avoir libéré les ressources radio, RNC-A envoie un message IU RELEASE COMPLETE, demandant à 3G-MSC-A de libérer le point d'extrémité de RNC-A à partir du MGW. À ce stade, le handover est terminé

III.1.1.2. Handover inter MSC

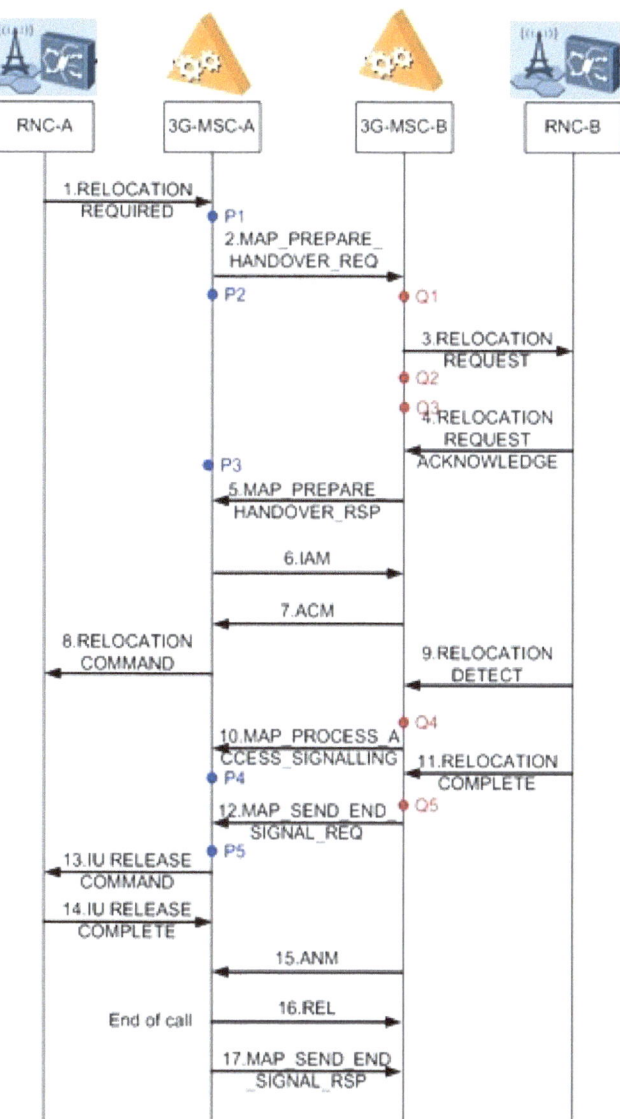

Figure 25 : procédure de handover inter-MSC

Le flux de signalisation du handover inter-MSC 3G est le suivant [15]:
1. RNC-A envoie un message RELOCATION REQUIRED, demandant à 3G-MSC-A d'initier un transfert. Le message contient des éléments d'information obligatoires (IE) tels que : relocation type, CAUSE, SourceID et TargetID.
2. A la réception du message RELOCATION REQUIRED, 3G-MSC-A interroge l'emplacement de la cellule cible en fonction de l'identité de zone de

localisation (LAI) / identité de cellule globale (GCI) et détermine que le transfert en cours est un transfert inter-MSC. Ensuite, 3G-MSC-A construit un message MAP_PREPARE_HANDOVER_REQ en utilisant les éléments d'information contenus dans le message RELOCATION REQUIRED et envoie le message pour demander à 3G-MSC-B de se préparer au transfert.

3. 3G-MSC-B sollicite VLR-B pour un numéro de transfert. En même temps, 3G-MSC-B construit un message RELOCATION REQUEST et l'envoie pour demander à RNC-B d'allouer les ressources radio requises. Le 3G-MSC-B demande des ressources radio à RNC-B et un numéro de transfert à partir de VLR-B simultanément. Il envoie le message MAP_PREPARE_HANDOVER_RSP à 3G-MSC-A seulement après avoir reçu les réponses de RNC-B et VLR-B.

4. Après avoir alloué des ressources radio, RNC-B envoie un message RELOCATION REQUEST ACKNOWLEDGE à 3G-MSC-B.

5. Après que VLR-B ait alloué le numéro de transfert, le 3G-MSC-B envoie un message MAP_PREPARE_HANDOVER_RSP pour informer le 3G-MSC-A que la préparation du transfert est terminée. Le message porte le numéro de transfert, qui peut être utilisé par le 3G-MSC-A pour établir un canal vocal vers le 3G-MSC-B.

6. 3G-MSC-A analyse le numéro de transfert et sélectionne une route sortante basée sur le numéro de transfert (handover number). Si le routage est réussi, le 3G-MSC-A envoie un message IAM au 3G-MSC-B.

7. Si 3G-MSC-B détermine que le numéro appelé transporté dans le message IAM est un numéro de transfert, il envoie un message MAP_Send_Handover_Report_RSP, demandant à VLR-B de libérer le numéro de transfert. Le message peut être envoyé à tout moment après que 3G-MSC-B ait reçu le message IAM. En même temps, 3G-MSC-B envoie un message d'adresse complète (ACM : Address Complete Message) à 3G-MSC-A.

8. Après la mise en place d'un circuit inter-MSC, 3G-MSC-A construit un message RELOCATION COMMAND en utilisant le contenu résolu du message MAP_PREPARE_HANDOVER_RSP, puis envoie le message pour indiquer à RNC-A de transférer l'UE à RNC-B.

9. Après détection de l'UE correct, RNC-B envoie un message RELOCATION

DETECT à 3G-MSC-B. À ce stade, l'UE a détecté un nouveau canal radio. L'exigence d'accès au nouveau canal radio est satisfaite mais, en réalité, l'UE n'est pas commuté sur le canal. Comme le transfert en cours est un transfert de parole, un canal vocal doit être établi à l'avance.

10. 3G-MSC-B transfère de manière transparente le message RELOCATION DETECT à 3G-MSC-A via un message MAP_PROCESS_ACCESS_SIGNALLING. Lors de la réception du message, 3G-MSC-A demande à la passerelle MGW de changer la direction du flux entre les points de terminaison dans le contexte, puis connecte le point de terminaison distant au nouveau point de terminaison.

11. Un nouveau canal est établi et l'abonné poursuit la conversation ou utilise d'autres services via le canal. RNC-B envoie un message RELOCATION COMPLETE pour notifier 3G-MSC-B que le transfert inter-MSC est terminé.

12. 3G-MSC-B transfère de façon transparente le message RELOCATION COMPLETE par l'intermédiaire d'un message MAP_SEND_END_SIGNAL_REQ, notifiant le 3G-MSC-A que le transfert inter-MSC est terminé.

13. Le 3G-MSC-A envoie un message IU RELEASE COMMAND, ordonnant à RNC-A de libérer les ressources terrestres et radio.

14. Après avoir libéré les ressources terrestres et radio, RNC-A envoie un message IU RELEASE COMPLETE à 3G-MSC-A.

15. Le 3G-MSC-B envoie un message de réponse (ANM :Answer Message) à 3G-MSC-A. Le transfert est terminé.

16. Une fois la conversion terminée, le 3G-MSC-A envoie un message de libération (REL) au 3G-MSC-B pour libérer l'appel et le circuit inter-MSC.

17. Le 3G-MSC-A envoie un message MAP_SEND_END_SIGNAL_RSP, ordonnant à 3G-MSC-B de libérer les ressources de la partie d'application mobile (MAP) inter-MSC.

III.1.2. Gestion de la mobilité

Le HLR est impliqué dans la mise à jour de la localisation si l'une des conditions suivantes est remplie [16]:

- Le MS / UE s'enregistre pour la première fois sur le réseau.
- La mise à jour de la localisation est une mise à jour de localisation inter-MSC.
- Si le VLR ne stocke pas les données d'abonnés ou si les données d'abonnés ne sont pas confirmées, le VLR lance une mise à jour de localisation vers le registre HLR.

III.1.2.1. Mise à jour de la localisation intra-VLR

a- HLR impliqué

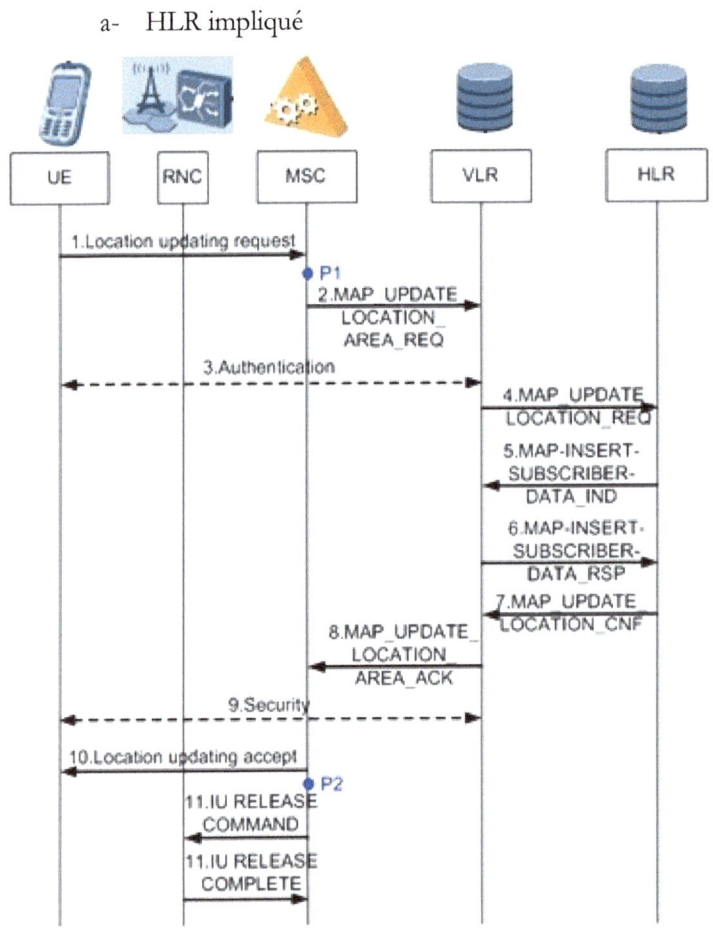

Figure 26 : procédure de mise à jour de la localisation intra-VLR avec l'implication du HLR

La procédure de mise à jour de la localisation intra-VLR est décrite ainsi qu'il suit [16]:

1. L'UE envoie un message de requête de mise à jour de localisation au MSC. Le message porte l'identité d'abonné mobile temporaire (TMSI) / l'identité d'abonné

mobile internationale (IMSI) de l'UE, l'identité de zone de localisation (LAI) et le type de mise à jour de localisation.

2. Le MSC envoie un message MAP_UPDATE_LOCATION_AREA_REQ, demandant au VLR d'effectuer une mise à jour d'emplacement ou localisation.

3. Le MSC / VLR détermine qu'aucun jeu de paramètres d'authentification n'est disponible. Ensuite, le MSC / VLR obtient des jeux de paramètres d'authentification du HLR et initie le flux d'authentification. Ce flux est facultatif.

4. Lorsque les données d'abonné dans le registre VLR ont été supprimées, le registre VLR envoie un message MAP_UPDATE_LOCATION_REQ, demandant au registre HLR d'effectuer une mise à jour d'emplacement.

5. Le HLR envoie un message MAP-INSERT-SUBSCRIBER-DATA_IND, indiquant au VLR d'insérer les données de localisation mises à jour de l'abonné.

6. Après avoir inséré avec succès les données d'emplacement mises à jour de l'abonné, le VLR envoie un message MAP-INSERT-SUBSCRIBER-DATA_RSP au registre HLR.

7. Le HLR envoie un message MAP_UPDATE_LOCATION_CNF, notifiant le VLR que la mise à jour de l'emplacement a réussi.

8. Le VLR envoie un message MAP_UPDATE_LOCATION_AREA_ACK, notifiant au MSC que la mise à jour de l'emplacement a réussi.

9. Le MSC / VLR initie le flux de chiffrement. Ce flux est facultatif.

10. Le MSC envoie un message Location_Updating_Accepted, notifiant à l'UE que la mise à jour de la localisation a réussi.

11. Le MSC libère le canal. La mise à jour de l'emplacement est terminée.

b- HLR non impliqué

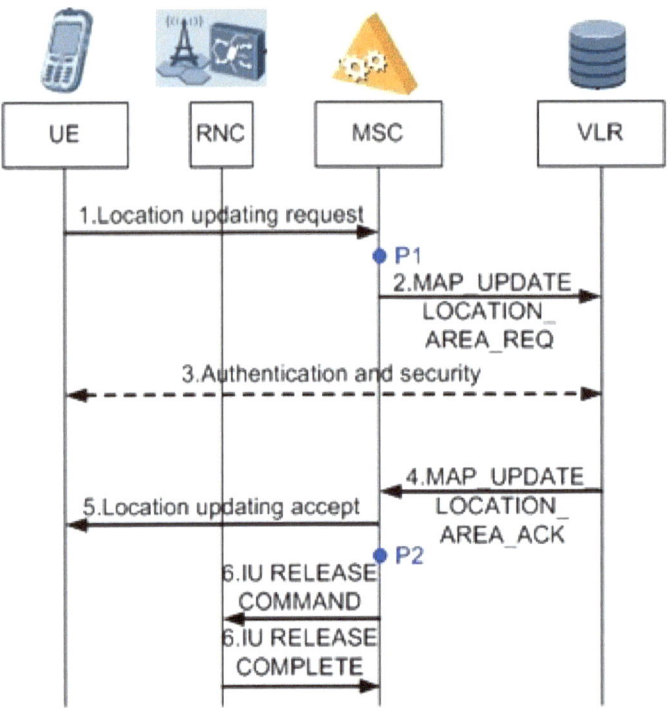

Figure 27 : Procédure de mise à jour de la localisation intra-VLR sans implication du HLR

Le flux de signalisation d'une mise à jour de localisation commune intra-VLR réussie (seul le protocole VLR est impliqué) est le suivant [16]:

1. L'UE envoie un message de requête de mise à jour de localisation au MSC. Le message porte l'identité d'abonné mobile temporaire (TMSI) / l'identité d'abonné mobile internationale (IMSI) de l'UE, l'identité de zone de localisation (LAI) et le type de mise à jour de localisation.

2. Le MSC envoie un message MAP_UPDATE_LOCATION_AREA_REQ, demandant au VLR d'effectuer une mise à jour d'emplacement.

3. Le MSC / VLR initie le flux d'authentification et de chiffrement. Ce flux est facultatif.

4. Le VLR met à jour l'emplacement de l'UE, stocke le nouvel LAI et attribue un nouveau TMSI à l'UE. Ensuite, le VLR envoie un message MAP_UPDATE_LOCATION_AREA_ACK, notifiant au MSC que la mise à jour de l'emplacement a réussi.

5. Le MSC envoie un message Update_Location_Accept portant le nouveau

TMSI, notifiant au MS que la mise à jour de l'emplacement a réussi.

6. Le MSC libère le canal. La mise à jour de l'emplacement est terminée.

III.1.2.2. Mise à jour de la localisation inter-VLR

a- Utilisation de l'IMSI

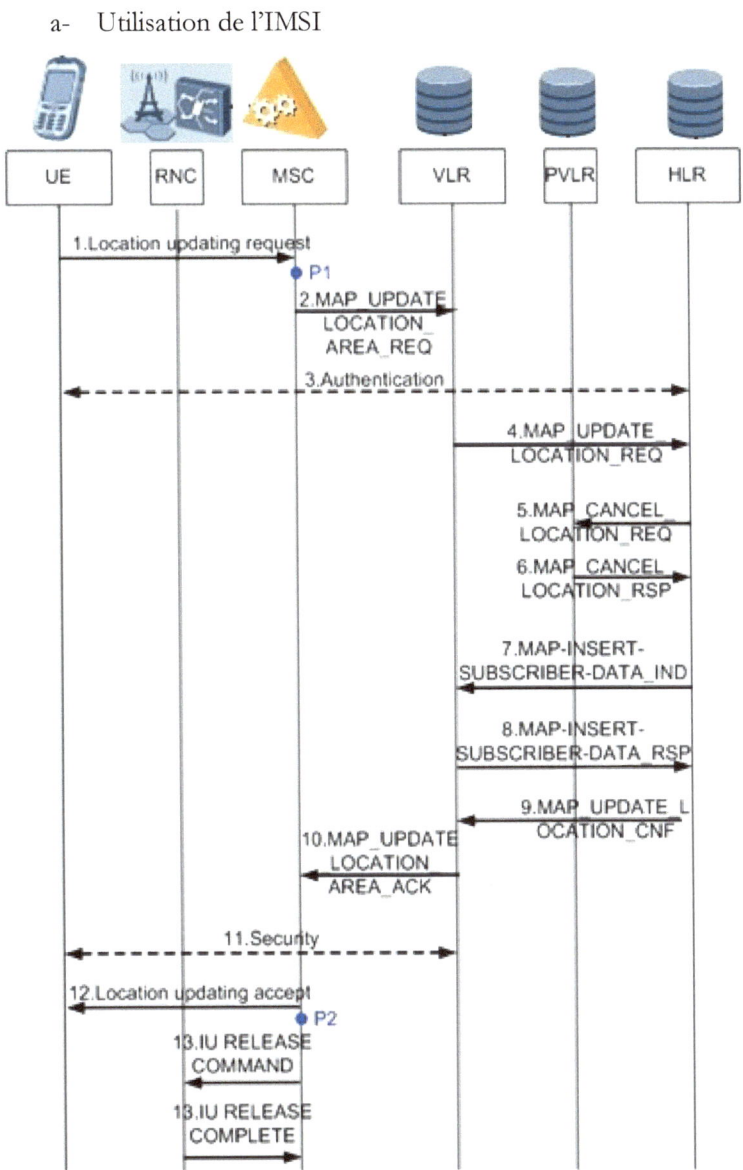

Figure 28 : procédure de mise à jour de la localisation inter-VLR

Le flux de signalisation d'une mise à jour de position commune inter-VLR réussie (lancée à l'aide d'IMSI) est le suivant [16]:

1. L'UE envoie un message de requête de mise à jour de localisation au MSC. Le message porte l'identité IMSI de l'UE, l'identité de la zone de localisation (LAI) et le type de mise à jour de l'emplacement.

2. Le MSC envoie un message MAP_UPDATE_LOCATION_AREA_REQ, demandant au VLR d'effectuer une mise à jour d'emplacement.

3. Le MSC / VLR détermine qu'aucun jeu de paramètres d'authentification n'est disponible. Ensuite, le MSC / VLR obtient des ensembles de paramètres d'authentification du HLR et initie le flux d'authentification. Ce flux est facultatif.

4. Le VLR vérifie les données de l'abonné et constate que l'abonné est en itinérance depuis la VLR précédente (PVLR). Ensuite, le VLR envoie un message MAP_UPDATE_LOCATION_REQ au registre HLR.

5. Le HLR envoie un message MAP_CANCEL_LOCATION_REQ, demandant au VLR de supprimer les données de l'abonné.

6. A la réception du message MAP_CANCEL_LOCATION_REQ, le PVLR envoie un message MAP_CANCEL_LOCATION_RSP au registre HLR.

7. Le HLR envoie un message MAP-INSERT-SUBSCRIBER-DATA_IND, indiquant au VLR d'insérer les données de localisation mises à jour de l'abonné.

8. Après avoir inséré avec succès les données de localisation mises à jour de l'abonné, le VLR envoie un message MAP-INSERT-SUBSCRIBER-DATA_RSP au registre HLR.

9. Le HLR envoie un message MAP_UPDATE_LOCATION_CNF, notifiant le VLR que la mise à jour de l'emplacement a réussi.

10. Le VLR envoie un message MAP_UPDATE_LOCATION_AREA_ACK, notifiant au MSC que la mise à jour de la localisation a réussi.

11. Le MSC / VLR initie le flux de chiffrement. Ce flux est facultatif.

12. Le MSC envoie un message d'acceptation de mise à jour de localisation, notifiant à l'UE que la mise à jour de la localisation a réussi.

13. Le MSC libère le canal. La mise à jour de la localisation est terminée.

b- Utilisation du TMSI

Le flux de signalisation d'une mise à jour de position commune inter-VLR réussie (initiée à l'aide de TMSI) est la suivante:

1. L'UE envoie un message de requête de mise à jour de localisation au MSC. Le message porte le TMSI de l'UE, l'identité de la zone de localisation (LAI) et le

type de mise à jour de localisation.

2. Le MSC envoie un message MAP_UPDATE_LOCATION_AREA_REQ, demandant au VLR d'effectuer une mise à jour de la localisation.

3. Le VLR vérifie les données de l'abonné et constate que l'abonné est en itinérance depuis la VLR précédente (PVLR). Ensuite, le VLR obtient les paramètres TMSI et d'authentification du PVLR. Lors de l'obtention des paramètres d'authentification, le MSC / VLR initie le flux d'authentification. Ce flux est facultatif.

4. Le VLR envoie un message MAP_UPDATE_LOCATION_REQ, demandant au HLR d'effectuer une mise à jour de localisation.

5. Le HLR envoie un message MAP_CANCEL_LOCATION_REQ, demandant au VLR de supprimer les données de l'abonné.

6. A la réception du message MAP_CANCEL_LOCATION_REQ, le PVLR envoie un message MAP_CANCEL_LOCATION_RSP au registre HLR.

7. Le HLR envoie un message MAP-INSERT-SUBSCRIBER-DATA_IND, indiquant au VLR d'insérer les informations de localisation mises à jour de l'abonné.

8. Après avoir inséré avec succès les données de localisation mises à jour de l'abonné, le VLR envoie un message MAP-INSERT-SUBSCRIBER-DATA_RSP au registre HLR.

9. Le HLR envoie un message MAP_UPDATE_LOCATION_CNF, notifiant le VLR que la mise à jour de localisation a réussi.

10. Le VLR envoie un message MAP_UPDATE_LOCATION_AREA_ACK, notifiant au MSC que la mise à jour de la localisation a réussi.

11. Le MSC / VLR initie le flux de chiffrement. Ce flux est facultatif.

12. Le MSC envoie un message d'acceptation de mise à jour de localisation, notifiant à l'UE que la mise à jour de la localisation a réussi.

13. Le MSC libère le canal. La mise à jour de l'emplacement est terminée.

III.1.3. USSD

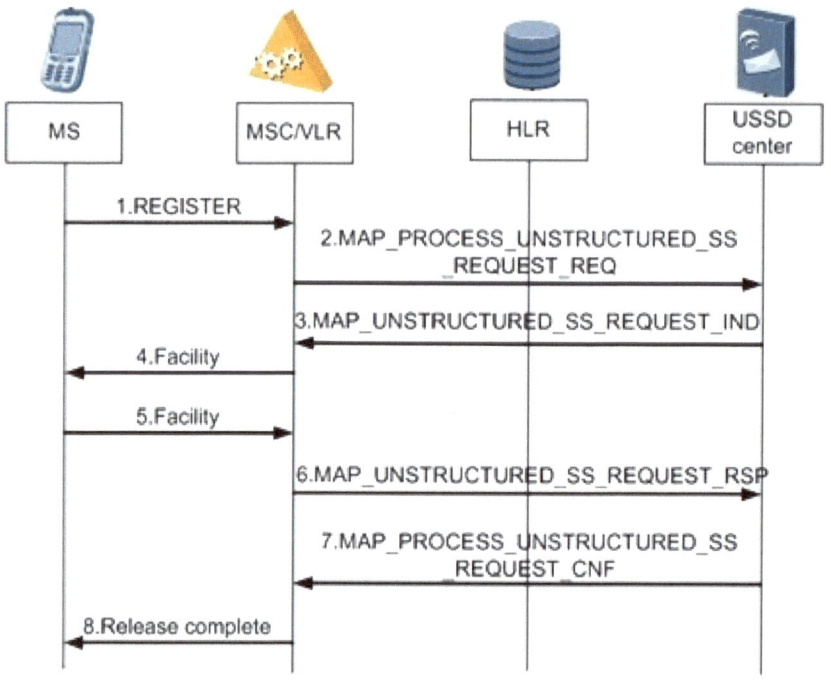

Figure 29 : procédure USSD

Le flux de signalisation de l'opération USSD initiée par l'utilisateur (centre MS-> MSC-> HLR-> USSD) est le suivant [17]:

1. Une fois la connexion entre le MSC / VLR et la MS établie, la MS envoie un message REGISTER portant la demande de service USSD au MSC / VLR.
2. Le MSC / VLR établit une session avec le registre HLR, met en correspondance les informations contenues dans le message REGISTER avec le message MAP_PROCESS_UNSTRUCTURED_SS_REQUEST_REQ, puis envoie le message au centre USSD via le registre HLR.
3. S'il est nécessaire que la MS effectue d'autres opérations USSD, le centre USSD envoie un message MAP_UNSTRUCTURED_SS_REQUEST_IND au MSC / VLR. Le message contient la demande de service USSD. S'il n'est pas nécessaire que la MS effectue d'autres opérations USSD, le centre USSD procède à 8.
4. Le MSC / VLR mappe les informations dans le message

MAP_UNSTRUCTURED_SS_REQUEST_IND au message Facility, puis envoie le message à la MS.

5. La MS renvoie un message Facility au MSC / VLR. Le message contient la réponse à la demande de service USSD.

6. Le MSC / VLR mappe la réponse dans le message Facility au message MAP_UNSTRUCTURED_SS_REQUEST_RSP, puis transfère de manière transparente le message au centre USSD via le registre HLR.

7. S'il est nécessaire que la MS effectue d'autres opérations USSD, les étapes 3 à 6 sont répétées pour terminer l'interaction USSD suivante entre le centre USSD et la station mobile. Une fois l'interaction USSD terminée, le centre USSD transfère de manière transparente un message MAP_PROCESS_UNSTRUCTURED_SS_REQUEST_CNF pour mettre fin à la session avec le MSC / VLR.

8. Le serveur MSC envoie un message Release complete pour libérer la connexion. Le message contient le résultat du traitement de la demande de service USSD, où les informations contenues dans le paramètre Facility varient en fonction du résultat du traitement:

- Si la demande USSD est acceptée, la chaîne USSD retournée par le MSC est contenue dans le paramètre Facility.
- Si la demande USSD est rejetée, la cause de rejet renvoyée par le MSC est contenue dans le paramètre Facility.
- Si une erreur est détectée, la cause de l'erreur renvoyée par le MSC est contenue dans le paramètre Facility.

III.1.4. SMS
III.1.4.1. SMMO

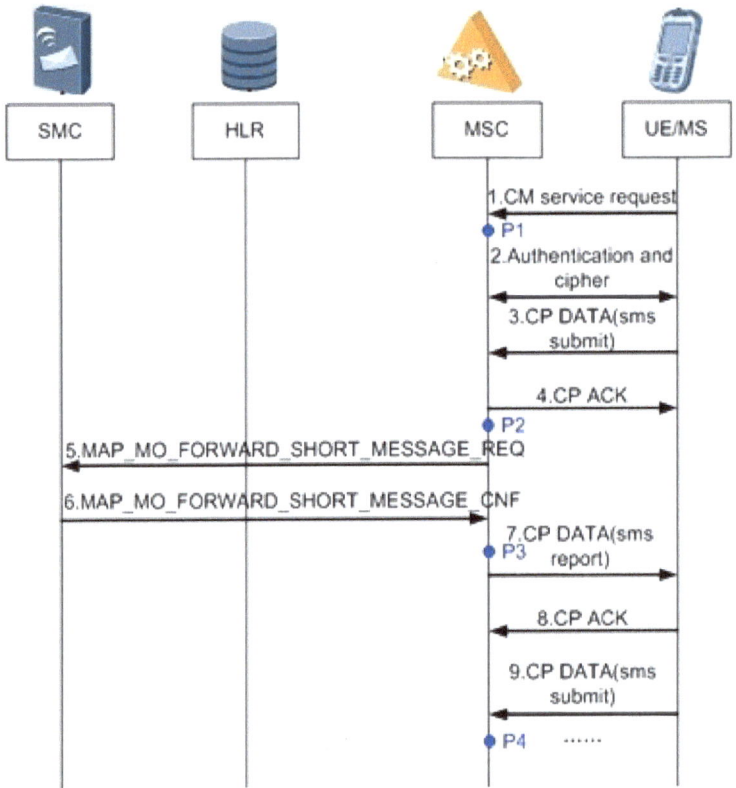

Figure 30 : procédure SMMO

Le flux de signalisation SMMO est le suivant [18]:

    1. L'UE / MS envoie un message de demande de service de gestion de connexion (CM) portant les informations de cellule, le type de service, le numéro appelé, l'ID utilisateur et les paramètres d'authentification concernant l'UE / MS au MSC.

    2. Le flux d'authentification et de chiffrement est démarré.

    3. Après que le MSC ait accepté la demande de service CM, l'UE / MS envoie un message CP DATA portant les données de message court et les informations d'adresse associées au MSC via l'interface Iu / A.

    4. Après réception du message CP DATA, le MSC renvoie un message CP ACK à l'UE / MS, notifiant que le message CP DATA a été reçu (ce qui ne signifie pas

que le SMC a reçu le message court).

5. Le MSC demande des données d'utilisateur au VLR et vérifie les données d'abonnement concernant l'UE / MS et si le MSC local prend en charge le service de messages courts (SMS).

- Si le MSC local ne prend pas en charge SMMO ou si l'UE / MS s'abonne au service supplémentaire de restriction d'appel, le MSC renvoie directement un message pour notifier l'UE / MS que la demande SMMO est rejetée.
- Si le MSC local prend en charge SMMO ou si l'UE / MS ne s'abonne pas au service supplémentaire de restriction d'appel, le MSC obtient l'adresse SMC du message court, puis transmet de manière transparente le message court au SMC via le message MAP_MO_FORWARD_SHORT_MESSAGE_REQ.

6. Après avoir reçu la demande, le SMC vérifie la validité des données. Si la vérification est passée, le SMC renvoie un message MAP_MO_FORWARD_SHORT_MESSAGE_CNF au MSC.

7. Le MSC renvoie un message CP DATA à l'UE / MS, notifiant que le message court a été envoyé au SMC avec succès.

8. L'UE / MS renvoie un message CP ACK au MSC, notifiant que le message CP DATA a été reçu.

9. Si la longueur du message court dépasse la limite, l'UE / MS divise le message court en plusieurs parties et les envoie via le message CP DATA.

III.1.4.2. SMMT

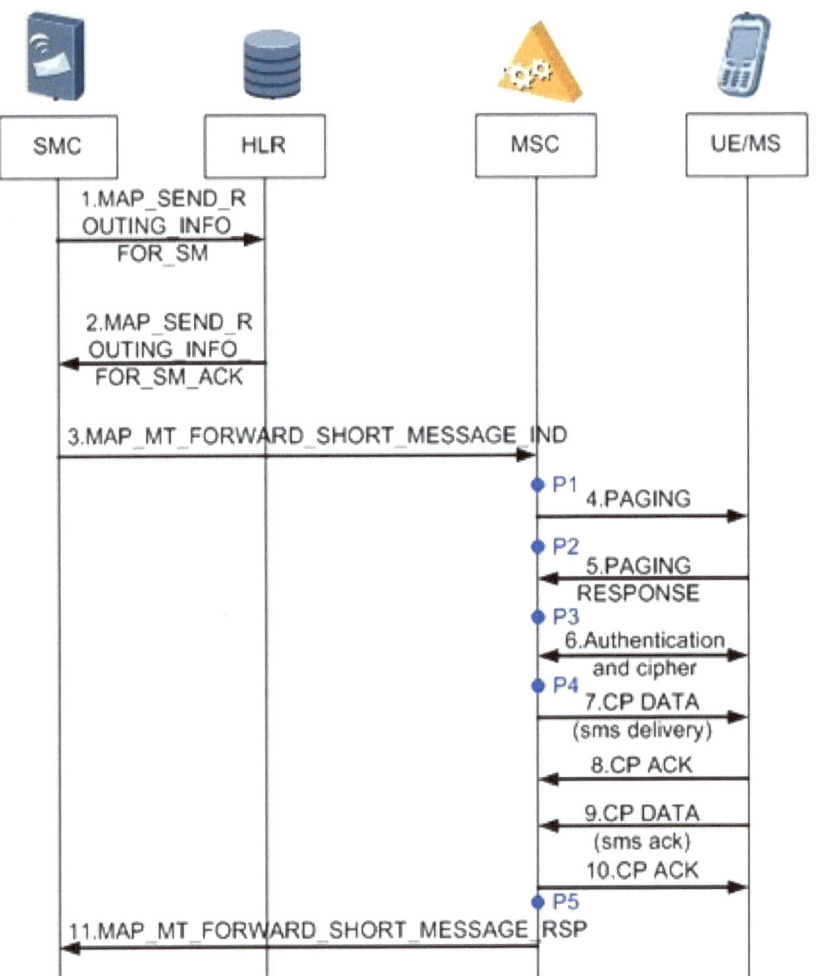

Figure 31 : procédure SMMT

Le flux de signalisation SMMT est le suivant [18]:

    1. Lors de la réception d'un message court provenant d'un UE / MS, le SMC utilise le numéro appelé contenu dans le message pour localiser le HLR, puis envoie un message MAP_SEND_ROUTING_INFO_FOR_SM au HLR.

    2. Le HLR vérifie les informations de l'utilisateur après avoir reçu le message MAP_SEND_ROUTING_INFO_FOR_SM.

- Si le HLR constate que les données UE / MS n'existent pas, l'itinérance de l'UE / MS n'est pas autorisée, l'UE / MS a souscrit au service d'interdiction des appels internationaux sortants (BOIC), l'UE / MS ne s'abonne pas Au service de messages courts (SMS), MNRF (Mobile-Station-Not-Reachable-Flag) est défini comme TRUE, MCEF (Mobile-Station-Memory-Capacity-Exceeded-Flag) est défini comme TRUE ou UE / MS les données ont été supprimées par le MSC / VLR itinérant, le HLR envoie la cause de l'échec au SMC. Si la priorité SMS est définie comme Élevé et que MNRF et MCEF sont définis comme TRUE, le HLR renvoie toujours le numéro de la MSC.

- Sinon, le HLR envoie un message MAP_SEND_ROUTING_INFO_FOR_SM_ACK portant les informations de routage (y compris le numéro du MSC desservant l'appelé) au HLR.

3. Sur la base du numéro de la MSC obtenu, le SMC envoie un message MAP_MT_FORWARD_SHORT_MESSAGE_IND au MSC, transmettant de manière transparente le message court au MSC. Le MSC demande des données UE / MS au VLR, puis vérifie les données d'abonnement actuelles et l'état de gestion de la mobilité de l'UE / MS. Si le MSC constate que les données UE / MS n'existent pas dans le VLR, l'état UE / MS actuel est l'identité d'abonné mobile internationale (IMSI) détachée, l'itinérance de l'UE / MS vers la zone de localisation n'est pas autorisée, ou le UE / MS ne s'abonne pas au service SMMT, le MSC renvoie une réponse d'échec SMMT au SMC. Si l'état UE / MS actuel est IMSI détaché et que l'itinérance de l'UE / MS vers la zone de localisation est interdite, le MSC renseigne le paramètre MNRF par la valeur « TRUE » dans le VLR en même temps.

4. Le MSC envoie un message PAGING à l'UE / MS. Si aucune réponse n'est reçue, le MSC envoie un message d'échec portant le code de cause "abonné absent" au SMC et renseigne le paramètre MNRF avec la valeur « TRUE » dans le registre VLR.

5. La diffusion est réussie. L'UE / MS renvoie un message PAGING RESPONSE au MSC.

6. Le MSC initie le processus d'accès au service et authentifie et crypte l'UE / MS.

7. Une fois le processus d'accès terminé, le MSC envoie un message CP DATA portant le message court et les informations connexes à l'UE / MS.

8. L'UE / MS renvoie un message CP ACK au MSC, notifiant que le message CP DATA est reçu (ce qui ne signifie pas que l'UE / MS a reçu le message court).

9. A la réception du message court, l'UE / MS envoie un message CP DATA au MSC, indiquant que l'UE / MS a reçu le message court.

10. Le MSC renvoie un message CP ACK à l'UE / MS, indiquant qu'il a reçu le message CP DATA.

11. Par l'intermédiaire d'un message MAP_MT_FORWARD_SHORT_MESSAGE_RSP, le MSC notifie le SMC que le message court est envoyé avec succès.

Remarque

- Une fois le processus d'accès terminé, le MSC envoie un message CP DATA à l'UE / MS. Si l'UE / MS renvoie un message indiquant que la mémoire déborde, le MSC envoie un message d'échec SMMT portant le code de cause correspondant au SMC.
- Si un message court terminé par un abonné mobile doit être divisé en plusieurs parties pour la transmission, la partie suivante ne peut être envoyée qu'après l'envoi réussi de la partie précédente. Si une pièce ne parvient pas à être envoyée, les pièces suivantes ne seront plus envoyées.

III.1.5. Appels
III.1.5.1. Appels intra MSC

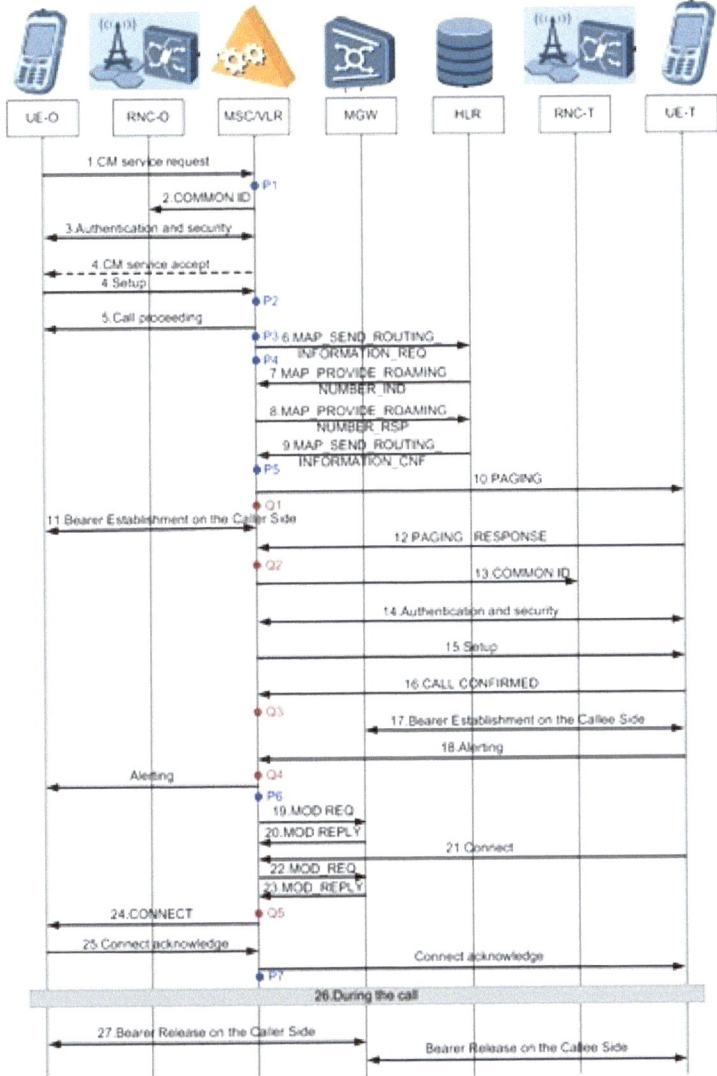

Figure 32 : procédure d'appels intra-MSC

Le flux de signalisation d'un appel 3G intra-MSC est le suivant [19]:

1. UE-O envoie un message de demande de service de gestion de connexion (CM) portant les informations de cellule, le type de service, l'ID utilisateur et les paramètres d'authentification concernant UE-O à RNC-O. RNC-O transmet le message au MSC / VLR.

2. Le MSC / VLR envoie un message COMMON ID à RNC-O.

3. Le flux d'authentification et de chiffrement est démarré du côté de l'appelant. Dans ce processus, le MSC peut avoir besoin d'obtenir les paramètres d'authentification à partir du HLR / centre d'authentification (AuC).

4. Si le processus d'authentification est terminé mais que le processus de chiffrement n'est toujours pas démarré, le MSC / VLR envoie un message CM_service_Accept pour notifier l'UE-O que la demande d'accès au service a été acceptée. Si les processus d'authentification et de cryptage sont tous deux terminés, le MSC / VLR n'envoie pas le message CM_service_Accept à UE-O. Dans ce cas, UE-O envoie directement au MSC / VLR un message Setup portant le numéro appelé et les capacités de support de transport média de l'UE-O à la MSC/VLR.

5. Le MSC / VLR détermine si l'appel peut être établi en fonction du type de service demandé et des services UE-O souscrits. Si l'appel peut continuer, le MSC / VLR renvoie un message d'appel en cours à UE-O.

6. Le MSC / VLR analyse le numéro appelé, localise le HLR, puis envoie un message MAP_SEND_ROUTING_INFORMATION_REQ au registre HLR.

7. Le HLR interroge le VLR desservant l'UE-T sur la base de l'identité d'abonné mobile internationale (IMSI) de UE-T, puis envoie un message MAP_PROVIDE_ROAMING_NUMBER_IND à ce VLR pour demander un numéro d'itinérance de station mobile (MSRN).

8. Le VLR alloue un MSRN pour UE-T, puis renvoie un message MAP_PROVIDE_ROAMING_NUMBER_RSP portant le MSRN au registre HLR.

9. Le HLR envoie un message MAP_SEND_ROUTING_INFORMATION_CNF portant le MSRN au MSC / VLR.

10. Le MSC / VLR envoie un message PAGING à l'UE-T via le RNC de terminaison (RNC-T), et attend une réponse de ce paging.

11. Le flux d'établissement de support est démarré du côté de l'appelant.

12. La MSC / VLR diffuse UE-T. UE-T envoie un message PAGING RESPONSE à RNC-T. RNC-T transmet alors le message au MSC / VLR de manière transparente.

13. Le MSC / VLR envoie un message COMMON ID à RNC-T.

14. Le flux d'authentification et de chiffrement est lancé du côté de l'appelé, qui est le même que le flux du côté appelant.

15. Le MSC / VLR envoie un message Setup à UE-T pour établir l'appel.

16. UE-T répond par un message CALL CONFIRMED pour accepter l'appel.

17. Le MSC / VLR établit le support du plan d'utilisateur du côté de la partie appelée de la même manière que l'établissement du support du côté de l'appelant.

18. L'appelé est alerté et l'UE-T envoie un message d'alerte au MSC / VLR. A la réception du message, le MSC / VLR envoie un message d'alerte à UE-O.

19. Le MSC / VLR envoie un message MOD REQ, indiquant au MGW de jouer la tonalité de retour d'appel.

20. Le MGW renvoie un message MOD REPLY au MSC / VLR et émet la tonalité de retour d'appel.

21. La partie appelée répond à l'appel et UE-T envoie un message Connect au MSC / VLR.

22. À la réception du message de connexion, le MSC / VLR envoie un message MOD REQ, demandant au MGW d'arrêter la reproduction de la tonalité de retour d'appel.

23. Le MGW renvoie un message MOD REPLY au MSC / VLR et arrête de jouer la tonalité de retour d'appel.

24. Le MSC / VLR envoie un message de connexion à UE-O.

25. L'UE-O envoie un message d'accusé de réception de connexion au MSC / VLR. Le MSC / VLR transmet de manière transparente ce message à UE-T. Ensuite, l'appel est établi.

Les parties appelantes et appelées démarrent la conversation.

Après un certain temps, UE-O libère l'appel.

III.1.5.2. Appels inter MSC

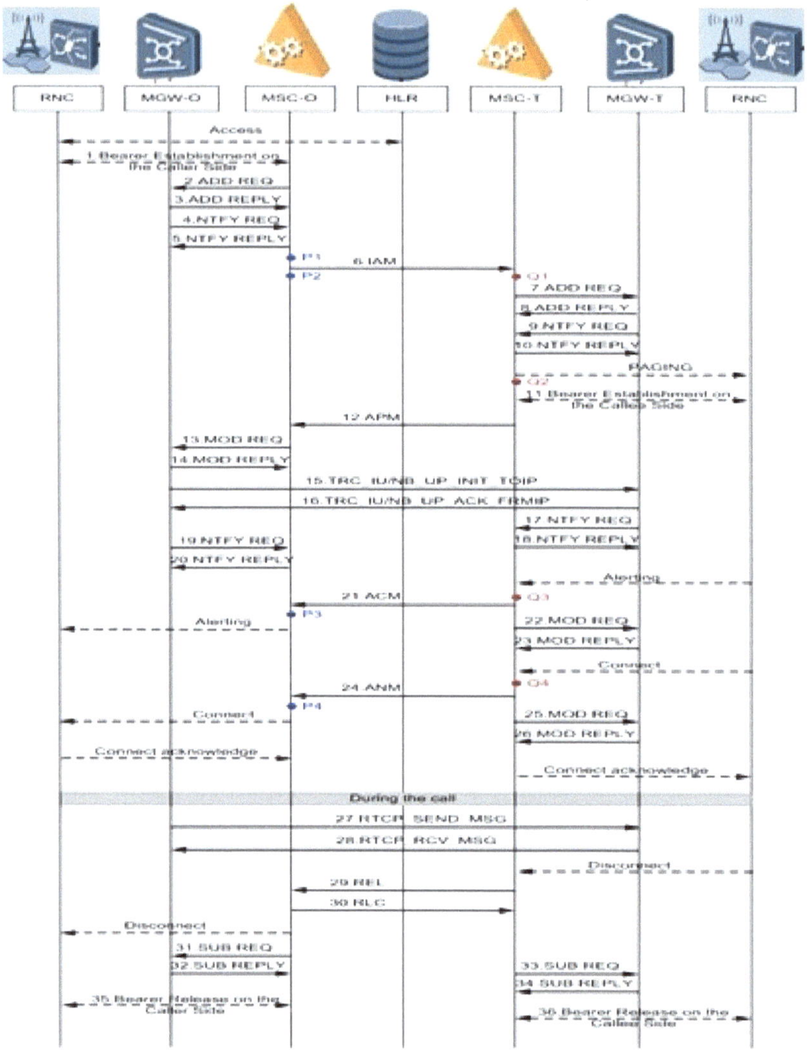

Figure 33 : procédure d'appels inter-MSC

Le flux de signalisation d'un appel inter-MSC entre deux abonnés mobiles 3G est le suivant [19]:

1. Une fois que le côté appelant a terminé l'accès au service (initialisation du service, authentification et cryptage et routage), un support est établi du côté du réseau d'accès radio (RAN) de l'appelant.

2. Le MSC d'origine (MSC-O) envoie un message ADD REQ au MGW d'origine (MGW-O), ordonnant à MGW-O d'ajouter des ressources de support de

terminaison IP du côté CN de l'appelant et d'entamer une négociation de tunnel.

3. MGW-O répond avec un message ADD REPLY contenant les informations de terminaison.

4. MGW-O envoie un message NTFY REQ à MSC-O, signalant un événement d'indication de tunnel et un message de demande de tunnel.

5. MSC-O répond avec un message NTFY REPLY.

6. Le MSC-O sélectionne une route pour l'appel en fonction des informations de terminaison locales (MSRN), construit un message IAM contenant les informations d'établissement de l'appel encours et l'envoie au MSC de terminaison (MSC-T), indiquant que l'établissement en aval est établi.

7. MSC-T envoie un message ADD REQ au MGW de terminaison (MGW-T), ordonnant à MGW-T d'ajouter des ressources de support de terminaison IP du côté CN de l'appelé et d'informer MGW-T du message de demande de tunnel.

8. MGW-T répond avec un message ADD REPLY contenant les informations de terminaison.

9. MGW-T envoie un message NTFY REQ à MSC-T, signalant un événement d'indication de tunnel et le message d'acceptation de demande de tunnel.

10. MSC-T répond avec un message NTFY REPLY.

11. L'établissement de support du côté RAN de l'appelé est similaire à celui du côté RAN de l'appelant.

12. Après la réception du message d'acceptation de demande de tunnel envoyé par MGW-T, le MSC-T construit et répond avec un message APM à MSC-O.

13. Le MSC-O envoie un message MOD REQ contenant les informations en tunnel qui sont acheminées dans le message APM à MGW-O, envoyant de manière transparente le message d'acceptation de demande de tunnel envoyé par MGW-T.

14. MGW-O répond avec le message MOD_REPLY

15. MGW-O envoie un message TRC_IU / NB_UP_INIT_TOIP à MGW-T, en commençant l'initialisation NB_UP.

16. MGW-T répond avec un message TRC_IU / NB_UP_ACK_FRMIP.

17. MGW-T envoie un message NTFY REQ à MSC-T, signalant l'événement d'établissement de support du côté appelé.

18. MSC-T répond avec un message NTFY REPLY.

19. MGW-O envoie un message NTFY REQ à MSC-O, signalant l'événement d'établissement de support du côté de l'appelant.

20. MSC-O répond avec un message NTFY REPLY.

21. Après l'établissement d'un support et l'allocation des ressources d'interface Iu du côté RAN de l'appelé, le MSC-T envoie un message d'adresse complète (ACM) au MSC-O et l'appelé est alerté.

22. MSC-T envoie un message MOD REQ contenant signalsDescriptor à MGW-T, en demandant à MGW-T de jouer la tonalité de retour d'appel.

23. MGW-T répond avec un message MOD REPLY, indiquant que la tonalité de retour d'appel est jouée.

24. Une fois que l'appelé a répondu au téléphone, le MSC-T envoie un message ANM au MSC-O.

25. MSC-T envoie un message MOD REQ à MGW-T, en demandant à MGW-T d'arrêter la reproduction de la tonalité de retour d'appel.

26. MGW-T répond avec un message MOD REPLY, indiquant que la tonalité de retour d'appel est arrêtée.

27. Pendant l'appel, MGW-O envoie un message RTCP_SEND_MSG à MGW-T, surveillant la qualité des paquets RTP (Real-Time Transport Protocol) envoyés et reçus par l'extrémité locale.

28. MGW-O reçoit un message RTCP_RCV_MSG envoyé par MGW-T, surveillant la qualité des paquets RTP envoyés et reçus par l'extrémité homologue.

29. Après que l'appelé ait relâché l'appel, MSC-T envoie un message REL à MSC-O. Ce message est envoyé par la partie qui relâche l'appel. Il contient la valeur de cause de la libération.

30. Le MSC-O répond avec un message RLC (Radio Link Control), libérant des ressources support.

31. Le MSC-O envoie un message SUB REQ à MGW-O, ordonnant à MGW-O de libérer les ressources de terminaison sur le côté CN de l'appelant.

32. MGW-O répond avec un message SUB REPLY.

33. MSC-T envoie un message SUB REQ à MGW-T, en ordonnant à MGW-T de libérer des ressources de terminaison sur le côté CN de l'appelé.

34. MGW-T répond avec un message SUB REPLY.

35. Les ressources support sont libérées du côté RAN de l'appelant.

36. La libération du support du côté RAN de l'appelé est similaire à celle du côté RAN de l'appelant.

III.2. Procédures de signalisation du domaine PS

III.2.1. Gestion de la mobilité

III.2.1.1. Attachement au réseau

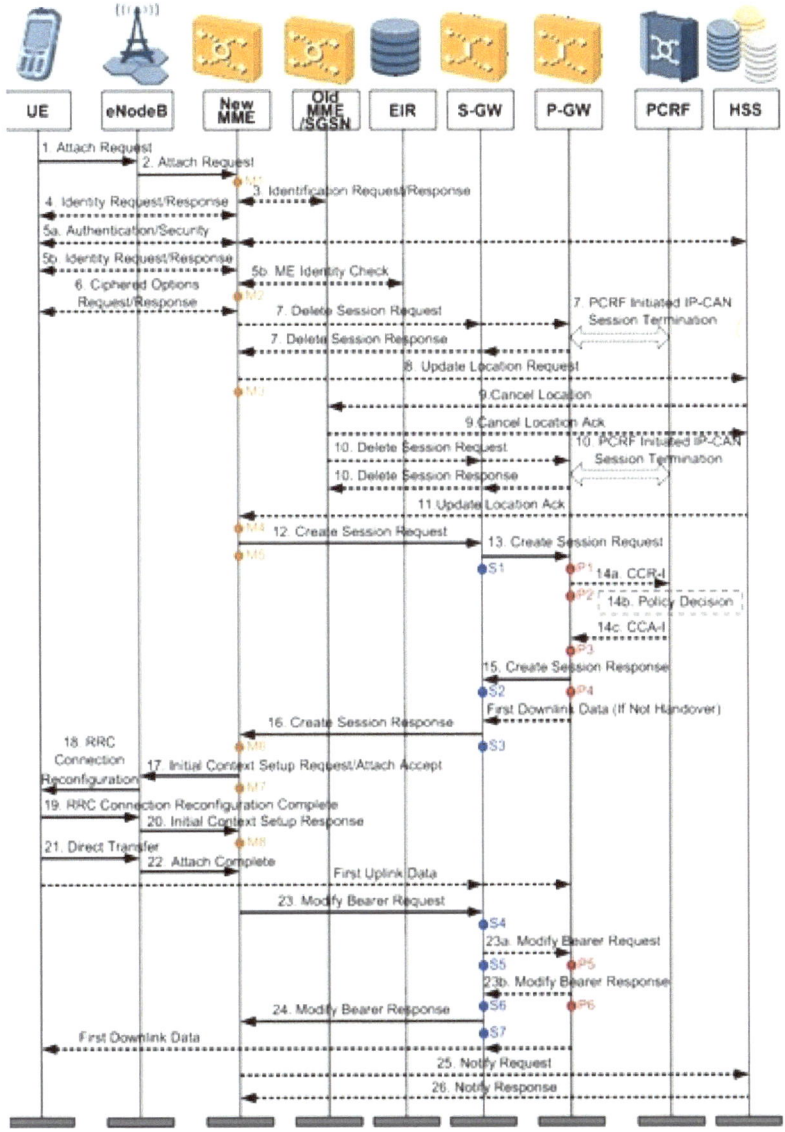

Figure 34 : procédure de rattachement au réseau

La procédure de rattachement détaillée lancée par l'UE (S5 / S8 à base de GTP-C) est la suivante [20] :

1. L'UE envoie le message Attach Request à l'eNodeB. Le message contient l'IMSI ou l'ancien GUTI, la dernière TAI visitée (si disponible), les Capacités cœur de réseau de l'UE, le type d'attachement (attach type) et conteneur de message ESM (type de requête, type de PDN, options de configuration de protocole et indicateur de transfert d'options chiffrées).

2. L'eNodeB trouve le MME basé sur le paramètre RRC portant l'ancien GUMMEI et le réseau sélectionné. Si le MME ne se connecte pas à l'eNodeB ou si l'ancien GUMMEI n'est pas disponible, l'eNodeB sélectionne un MME en utilisant la fonction de sélection du MME. L'eNodeB transmet le message Attach Request au nouveau MME.

3. Facultatif: Si l'UE s'identifie en utilisant le GUTI et se connecte à un MME différent après le détachement, le nouveau MME obtient l'ancienne adresse MME / SGSN en utilisant le GUTI et envoie le message de demande d'identification (identification request) à l'ancien MME / SGSN pour demander l'IMSI de l'abonné. Le message contient l'ancien GUTI et le « attach request » complet. L'ancien SGSN / MME envoie le message de réponse d'identification (identification response) au nouveau MME.

4. Facultatif: Si les informations d'UE n'existent pas sur l'ancien SGSN / MME ou le nouvel MME, le nouveau MME envoie un message de demande d'identité (identification request) à l'UE pour demander l'IMSI.

5. Facultatif: La stratégie d'authentification détermine si l'authentification est requise.

5a. Si l'intégrité du message de demande de connexion (attach request) en 1 n'est pas protégée ou si le contrôle d'intégrité échoue, une procédure d'authentification est requise.

5b. Le MME obtient l'IMEI de l'UE en utilisant le message de demande d'identité (identification request). L'IMEI doit être crypté pour la transmission. Le MME peut envoyer le message « ME (Mobile Equipment) Identity Check Request » à l'EIR. Le message contient ME Identity (identité de l'équipement mobile) et l'IMSI. L'EIR renvoie le résultat en utilisant le message « ME Identity Check Ack ». En fonction du résultat renvoyé, le MME détermine s'il faut poursuivre la procédure d'attachement ou rejeter la demande d'attachement lancée par l'UE.

6. Facultatif: Si l'UE configure l'indicateur de transfert d'options chiffrées (Ciphered Options Transfer Flag) dans le message « attach request » (Demande d'attachement), le MME peut envoyer le message « Ciphered Options Request » de demande d'options chiffrées à l'UE pour demander des options chiffrées telles que PCO et APN.

Lorsque l'UE souscrit à des services de plusieurs PDN, si le PCO contient une identification d'abonné (par exemple un nom d'abonné et un mot de passe dans le paramètre PAP / CHAP), l'UE doit renvoyer l'APN dans le message de réponse d'options chiffrées.

7. Facultatif: Si des contextes de support de transport actif (active bearer) de l'UE existent sur le nouveau MME (par exemple, l'UE se rattache au même MME lorsque le détachement n'est pas terminé), le nouveau MME envoie le message Delete Session Request au SGW associé pour supprimer les contextes de support de transport. Le message contient LBI. Le SGW répond avec le message Delete Session Response. Le message contient la cause cause.

Si le PCRF est déployé, le P-GW lance la procédure de terminaison de session IP-CAN pour informer le PCRF que des ressources ont été libérées.

8. Facultatif: Après le détachement, si l'UE se connecte à un MME différent sur lequel il n'existe aucun contexte d'abonnement valide de l'UE ou si l'IMEI est modifié (par exemple, l'abonné change le téléphone mobile), le MME envoie le message Update Location Request au HSS. Le message contient l'identité du MME, l'IMSI, l'identité de l'équipement Mobile (ME identity) et les capacités du MME.

9. Facultatif: Le HSS envoie le message de demande d'annulation d'emplacement (Cancel Location Request) à l'ancien MME. Le message contient l'IMSI et le type d'annulation. L'ancien MME répond par le message « Cancel Location Response » (contenant l'IMSI) au HSS et supprime le contexte MME et le contexte de support de transport.

10. Facultatif: Si des contextes actifs de support de transport (active bearer contextes) de l'UE existent sur l'ancien MME / SGSN, l'ancien MME / SGSN envoie le message Delete Session Request au GW correspondant pour supprimer

les contextes de support de transport. Le message contient LBI. Le GW répond avec le message Delete Session Response. Le message contient la cause.

Si le PCRF est déployé, le P-GW lance la procédure de terminaison de session IP-CAN pour informer le PCRF que des ressources ont été libérées.

11. Facultatif: Le HSS envoie le message « Update Location Answer » de réponse à la mise à jour de la localisation au nouveau MME. Le message contient l'IMSI et les données de souscription. Les données souscription contiennent un ou plusieurs contextes souscription PDN. Chaque contexte souscription PDN contient un profil QoS de l'EPS souscrit et l'APN-AMBR souscrit. Si l'UE accède au réseau en utilisant un APN non attribué ou si le HSS rejette la demande de mise à jour de la localisation, le nouveau MME rejette la demande d'attachement de l'UE.

REMARQUE:

La procédure « Insert Subcriber Data » d'insertion des données de l'abonné est supprimée dans la gestion de la mobilité MME. Le MME construit des contextes pour l'UE en utilisant les données souscription dans le message « Update Location Ack ».

12. Le MME active le support de transport par défaut (default bearer) en utilisant l'APN contenu dans le message « Attach Request» ou l'APN par défaut pour la souscription. Le MME sélectionne un P-GW sur la base de la configuration APN, sélectionne le SGW en fonction de la topologie du réseau et alloue un identifiant de support de transport EPS (EPS bearer ID) pour le support de transport par défaut. Ensuite, le MME envoie le message Créer Session Request de demande de création d'une session pour créer le support de transport par défaut. Le message contient l'IMSI, le MSISDN, le MME TEID pour le plan de contrôle, l'adresse du PDN GW, adresse PDN, l'APN, le type de technologie d'accès radio (RAT), la QoS du support de transport EPS par défaut.

13. Le S-GW crée un nouveau support de transport EPS dans la liste des supports de transport EPS et envoie le message « Create Session Request » au PGW en fonction de l'adresse du PGW portée en 12. Le message contient l'adresse l'IMSI, le MSISDN, l'APN, l'adresse du SGW pour le plan utilisateur, le SGW TEID du plan utilisateur, SGW TEID du plan de contrôle, type technologie d'accès radio (RAT) et la QoS du support de transport EPS par

défaut. Le SGW met ensuite en cache tous les paquets de données de liaison descendante envoyés à partir du PGW et transmet les paquets de données après avoir obtenu le TEID de l'eNodeB à partir du message « Modify Bearer Request » dans 23.

14. Facultatif: Si PCC dynamique est activé, le PGW lance la procédure d'établissement de session IP-CAN pour obtenir les règles PCC par défaut pour l'UE. Si PCC dynamique est désactivé, le P-GW utilise les stratégies configurées localement.

14a. Le P-GW envoie le message CCR-I au PCRF pour indiquer au PCRF de créer la session IP-CAN.

14b. Le PCRF procède à l'autorisation et à la prise de décision politique.

14c. Le PCRF renvoie le message CCA-I au P-GW, portant le mode d'établissement de support de transport IP-CAN sélectionné.

REMARQUE:

Le PCRF peut fournir le mode de tarification ou facturation par défaut et les informations suivantes:

- Règles PCC: politiques exécutables liées aux sessions IP-CAN
- Déclencheurs d'événements: événements que le P-GW doit signaler au PCRF

15. Le PGW crée un nouveau support de transport EPS dans la liste de contextes de support de transport EPS et génère un nouvel identifiant de facturation. Le P-GW peut transférer la PDU du plan utilisateur entre le SGW et le PDN et commence à facturer. Le PGW répond avec le message Create Session Response au SGW. Le message contient l'adresse du PGW pour le plan utilisateur, le PGW TEID du plan utilisateur, le PGW TEID du plan de contrôle, le type de PDN, l'adresse PDN, l'identifiant du support de transport EPS et la QoS de support de transport EPS.

16. Le SGW répond par le message « Create Session Response » au nouveau MME. Le message contient le type de PDN, l'adresse PDN, l'adresse SGW pour le plan utilisateur, le SGW-TEID pour le plan utilisateur, le SGW-TEID pour le plan de contrôle, l'identité du support EPS, la QoS supportant l'EPS, les adresses PGW et les TEID.

17. Le nouveau MME envoie le message Attach Accept à l'eNodeB pour demander l'établissement de ressources radio. Le message Attach Accept est contenu dans le message de contrôle S1-MME « Initial Context Setup Request » de demande d'établissement du contexte initial. Si un nouveau GUTI est alloué pour le nouveau MME, le nouveau GUTI est envoyé en utilisant le message Attach Accept.

18. L'eNodeB envoie le message « RRC Connection Reconfiguration »(reconfiguration de connexion RRC) à l'UE pour allouer les ressources d'interface radio. Le message de reconfiguration de connexion RRC porte l'ID de support de transport radio EPS et porte le message « attach accept »(acceptation de connexion) pour l'UE.

19. L'UE envoie le message RRC Connection Reconfiguration Complete à l'eNodeB.

20. L'eNodeB envoie le message « Initial Context Setup Response » de réponse de configuration de contexte initial au nouveau MME, portant le TEID eNodeB et l'adresse utilisée pour la transmission de liaison descendante de l'interface S1-U.

21. L'UE envoie le message Direct Transfer à l'eNodeB, portant le message Attach Complete.

22. L'eNodeB transmet le message Attach Complete au nouveau MME. Le message contient l'identifiant du support de transport EPS, le numéro de séquence NAS et le NAS-MAC. Après avoir envoyé le message « Attach Complete » et obtenu une adresse PDN, l'UE envoie des paquets de données de liaison montante à l'eNodeB connecté au SGW et au PGW.

23. Le nouveau MME envoie le message « Modify Bearer Request » de demande de modification de support de transport au SGW. Le message contient l'identifiant du support de transport EPS, l'adresse de l'eNodeB, le TEID eNodeB et l'indication de handover.

23a. Si le message porte l'indication de handover, le S-GW envoie le message « Modify Bearer Request » à la passerelle PGW. Le message contient une indication de handover et indique à la passerelle P-GW d'envoyer les paquets de données du réseau non-3GPP au système d'accès IP 3GPP via des tunnels et de transmettre les paquets de données des supports de transport par défaut ou dédiés créés au S-GW.

23b. Le P-GW répond au SGW avec le message « Modify Bearer response ».

24. Le S-GW retourne le message « Modify Bearer response » au nouveau MME. Le message contient l'identifiant du support de transport EPS. Après avoir reçu le TEID eNodeB, le SGW envoie les paquets de données de liaison descendante mis en cache.

25. Facultatif: Après avoir reçu le message « Modify Bearer Response », le MME doit envoyer le message « Notify Request » de demande de notification au HSS, portant les informations APN, PGW et les informations du PLMN de la passerelle P-GW si les conditions suivantes sont remplies: le type de demande n'est pas un transfert intercellulaire, l'UE peut être transféré à un accès non-3GPP dans les données de souscription, et le MME ne sélectionne pas le PGW dans le contexte de souscription PDN spécifié par le HSS.

26. Facultatif: Le HSS stocke les paires de paramètres de l'APN et du P-GW et envoie le message Notify Response au MME.

III.2.1.2. Détachement du réseau

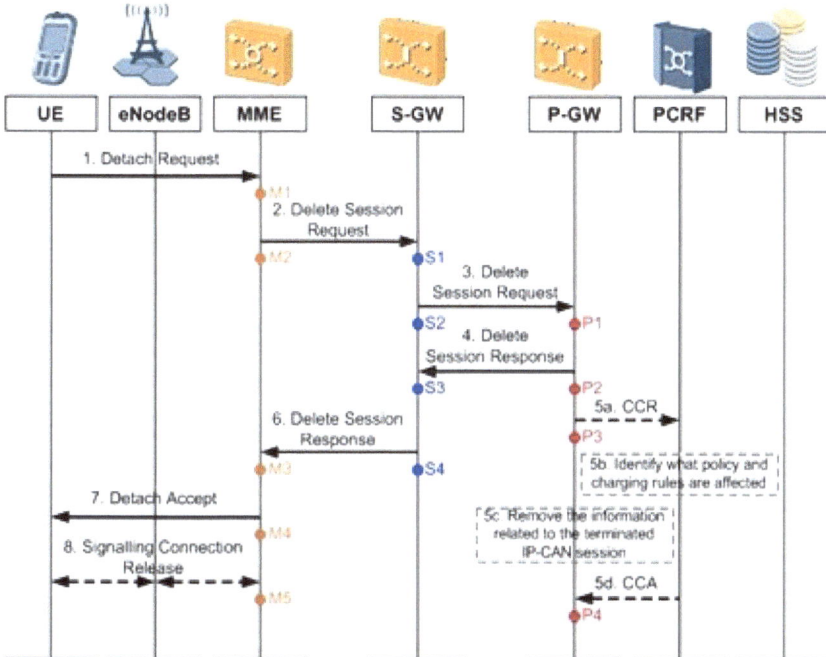

Figure 35 : procédure de détachement au réseau

Lorsque plusieurs connexions PDN sont actives, les parties spécifiques au support de cette procédure doivent être répétées pour chaque connexion PDN active [20].

1. L'UE envoie le message de demande de détachement au MME. Le message contient le GUTI et switch off.

2. Le MME envoie le message Delete Session Request au SGW. Le message contient le LBI.

3. Le S-GW libère le contexte de support de transport EPS correspondant et envoie le message Delete Session Request au P-GW. Le message contient le LBI et demande au P-GW de supprimer les supports de transport EPS de la connexion PDN.

4. Le P-GW répond par le message Delete Session Response. Le message contient la cause.

5. Facultatif: Si le PCRF est déployé dans le réseau, le P-GW lance la procédure de terminaison de session IP-CAN pour informer le PCRF que les supports de transport EPS de l'abonné ont été libérés.

5a. Le P-GW envoie le message CCR au PCRF pour indiquer au PCRF de terminer la session IP-CAN.

5b. Le PCRF identifie et supprime les règles PCC corrélées.

5c. Le P-GW supprime les informations relatives à la session IP-CAN terminée.

5d. Le PCRF répond avec le message CCA.

6. Le S-GW envoie le message Delete Session Response au MME. Le message contient la cause.

7. Le MME envoie le message Detach Accept à l'UE pour confirmer la suppression du support de transport EPS.

8. Le MME envoie le message « S1 release command » dont la valeur de cause est définie sur Detach à l'eNodeB pour libérer la connexion de signalisation S1-MME entre le MME et l'UE.

III.2.2. TAU (Tracking Area Update)
III.2.2.1. TAU intra-MME sans changement de SGW

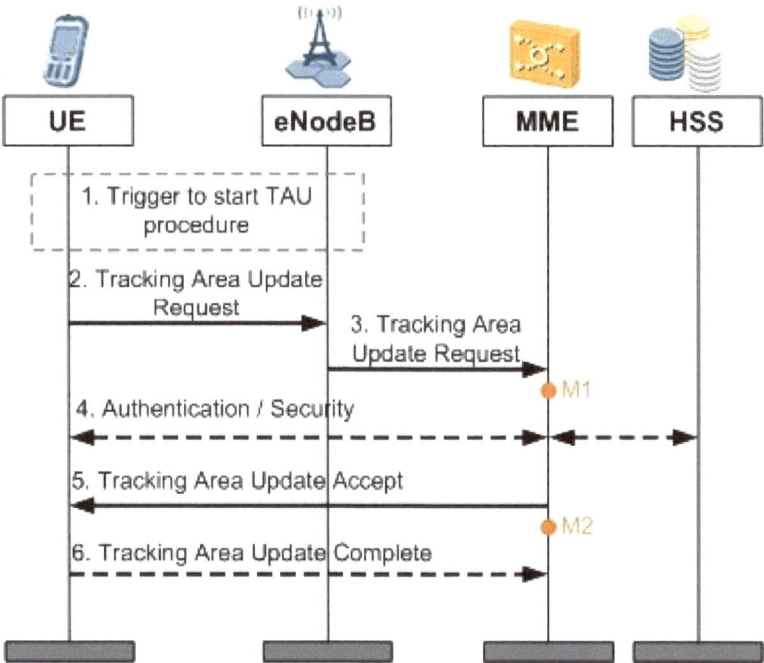

Figure 36 : procédure TAU intra-MME sans changement de SGW

La procédure TAU inter-E-UTRAN détaillée avec le MME et le SGW inchangés est la suivante [20]:

1. L'une des conditions de déclenchement est remplie et une procédure TAU démarre.

2. L'UE lance une procédure TAU en envoyant le message « Tracking Area Update Request» à l'eNodeB et le paramètre RRC contenant le réseau sélectionné et l'ancien GUMMEI. Si l'UE a un contexte de sécurité EPS valide, le message TAU a besoin d'une protection d'intégrité.

3. L'eNodeB trouve le MME au moyen de l'identifiant MME globalement unique (GUMMEI) et du réseau sélectionné, et transmet le message « Tracking Area Update Request» au MME.

4. Facultatif: Si la vérification d'intégrité de 2 échoue, une procédure d'authentification est requise.

5. Le MME envoie le message « Tracking Area Update Accept » à l'UE. Le

message contient le GUTI, le TAI-list et le statut du support de transport EPS. Si le MME réattribue un GUTI, le GUTI est remis à l'UE avec le message.

6. Facultatif: Si un GUTI est réattribué, l'UE envoie le message « Tracking Area Update Complete » au MME pour confirmation.

III.2.2.2. TAU intra-MME avec changement de SGW

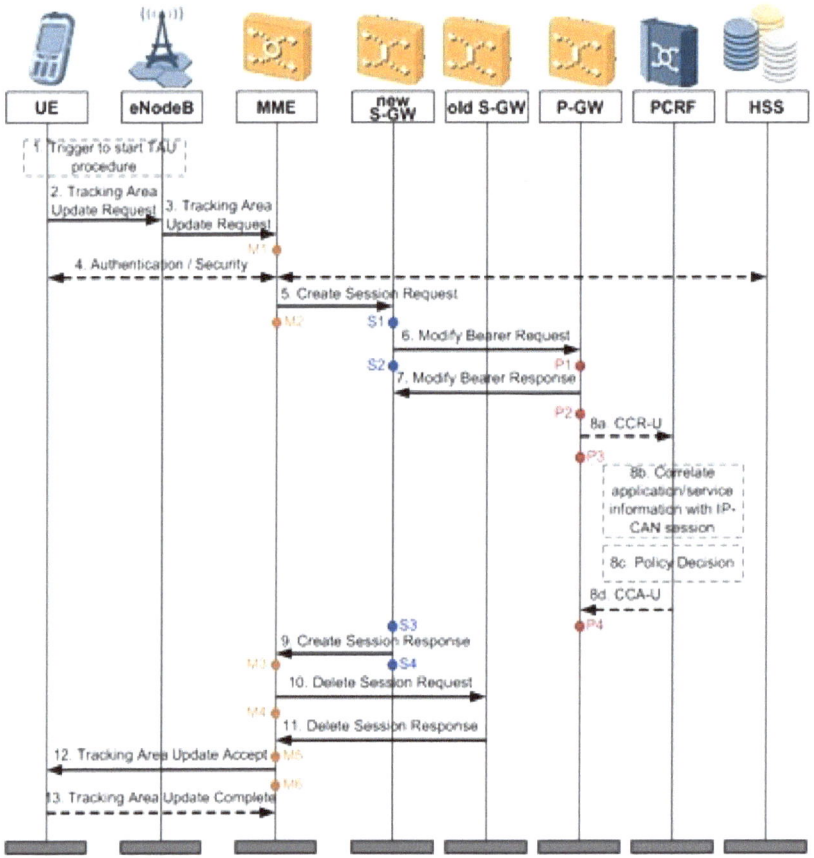

Figure 37 : procédure TAU intra-MME avec changement d SGW

La procédure TAU inter-E-UTRAN détaillée avec le S-GW modifié et le MME inchangé est la suivante [20]:

1. L'une des conditions de déclenchement est remplie et une procédure TAU démarre.

2. L'UE lance une procédure TAU en envoyant le message « Tracking Area Update Request » à l'eNodeB et paramètre RRC contenant le réseau sélectionné

et l'ancien GUMMEI. Si l'UE a un contexte de sécurité EPS valide, le message TAU a besoin d'une protection d'intégrité.

3. L'eNodeB trouve le MME au moyen de l'identifiant MME globalement unique (GUMMEI) et du réseau sélectionné, et transmet le message « Tracking Area Update Request » au MME.

4. Facultatif: Si la vérification d'intégrité de 2 échoue, la procédure d'authentification est requise.

5. Le MME vérifie l'état du support de transport EPS provenant de l'UE et libère les ressources réseau liées au support de transport EPS qui n'est pas dans l'état actif. S'il n'y a pas de contexte support de transport, le MME rejette la demande TAU.

Le MME envoie le message de demande de création de session au nouveau S-GW sélectionné pour chaque connexion PDN de l'UE. Le message contient l'IMSI, les contextes de supports de transport, l'adresse du MME et le TEID, le type, le type de protocole sur S5 / S8, le type RAT et le réseau desservant.

6. Le nouveau S-GW envoie le message « Modify Bearer Request » au PGW de la connexion PDN pour notifier le changement d'informations de support de transport. Le message contient l'adresse du SGW et le TEID, RAT type et le réseau desservant.

7. Le P-GW met à jour les contextes de support de transport et retourne le message « Modify Bearer Response » au nouveau S-GW.

8. Facultatif: Si le PCC dynamique est activé et que l'information « RAT type » doit être connue par le PCRF, le P-GW initie une procédure de modification de session IP-CAN et envoie l'information « RAT type » (Radio Access Technology) au PCRF.

8a. Le P-GW envoie le message CCR-U au PCRF pour indiquer au PCRF de modifier la session IP-CAN.

8b. Le PCRF associe la requête de règle PCC à la session IP-CAN et aux informations de service P-GW disponibles.

8c. Le PCRF effectue l'autorisation et la prise de décision politique.

8d. Le PCRF renvoie le message CCA-U au PGW. Le message contient les règles PCC, les déclencheurs d'événement et le mode d'établissement de support IP-CAN sélectionné (si modifié).

9. Le nouveau S-GW met à jour les contextes de support de transport et retourne le message Create Session Response au MME.

10. Le MME envoie le message Delete Session Request à l'ancien SGW pour indiquer à l'ancien S-GW de libérer des ressources support EPS.

11. L'ancien S-GW retourne le message Delete Session Response au MME et rejette tous les paquets de données mis en mémoire tampon pour l'UE. Le message contient la cause.

12. Le MME envoie le message « Tracking Area Update Accept » à l'UE. Le message contient le GUTI, TAI-list et le statut du support de transport EPS. Si le MME réattribue un GUTI, le GUTI est remis à l'UE avec le message.

13. Facultatif: Si un GUTI est réattribué, l'UE envoie le message « Tracking Area Update Comptete » au MME pour confirmation.

III.2.2.3. TAU inter-MME sans changement de SGW

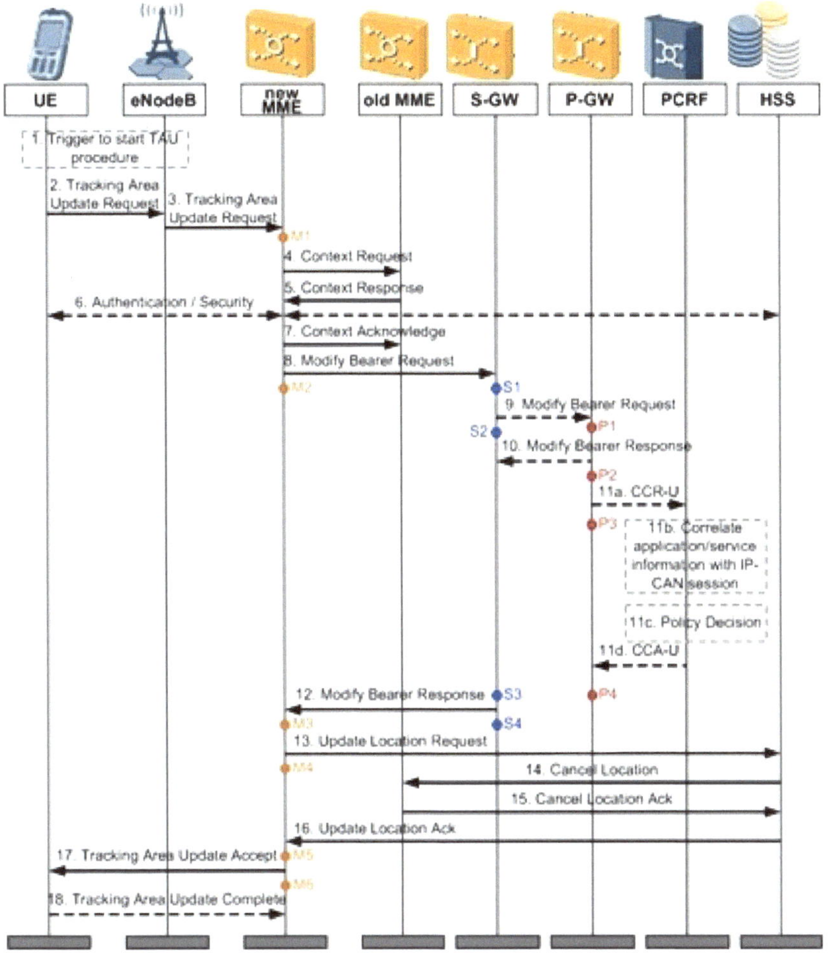

Figure 38 : procédure TAU inter-MME sans changement de SGW

La procédure détaillée TAU inter-E-UTRAN avec le MME modifié et le SGW inchangé est la suivante [20]:

1. L'une des conditions de déclenchement est remplie et une procédure TAU démarre.

2. L'UE lance une procédure TAU en envoyant le message « Tracking Area Update Request » à l'eNodeB et le paramètre RRC contenant le réseau sélectionné et l'ancien GUMMEI. Si l'UE a un contexte de sécurité EPS valide, le message TAU a besoin d'une protection d'intégrité.

3. L'eNodeB trouve le MME au moyen de l'identificateur MME globalement

unique (GUMMEI) et du réseau sélectionné, et transmet le message « Tracking Area Update Request » au MME.

4. Le nouveau MME obtient l'ancienne adresse MME au moyen de GUTI et envoie le message « Contexte Request » à l'ancien MME pour obtenir de nouveau les informations d'abonné. Le message contient l'ancien GUTI, l'adresse MME, l'UE validé, le message « Tracking Area Update Request » complet et la signature P-TMSI. L'ancien MME utilise le message « Tracking Area Update Request » complet pour vérifier la validité du message « Contexte Request » de Demande de contexte. Si le nouveau MME indique qu'il authentifie l'UE ou que l'UE passe le contrôle de validité de l'ancien MME, l'ancien MME démarre un timer pour surveiller la suppression de ressource.

5. L'ancien MME retourne le message « Contexte Response » au nouveau MME. Le message contient IMSI, ME Identity (si disponible) et MSISDN.

6. Facultatif: Si la vérification d'intégrité de 2 échoue, la procédure d'authentification est requise.

7. Le nouveau MME envoie le message « Contexte Acknowledge » d'accusé de contexte à l'ancien MME afin que l'ancien MME puisse marquer les S-GW, P-GW et HSS comme indisponibles. De cette manière, l'ancien MME peut mettre à jour les informations SGW, PGW et HSS si l'UE initie la procédure TAU de retour à l'ancienne MME avant que cette procédure TAU soit terminée.

8. Le nouveau MME continue de maintenir les contextes de support de transport EPS de l'UE reçus de l'ancien MME. Le MME vérifie l'état du support de transport EPS de l'UE et libère les ressources réseau liées au support de transport EPS qui n'est pas dans l'état actif. S'il n'y a pas de contexte de support de transport, le MME rejette la demande TAU.

Le nouveau MME envoie le message « Modify Bearer Request » au S-GW pour chaque connexion PDN. Le message contient les nouvelles adresses MME et TEID, l'identité du réseau desservant et le type de RAT.

9. Facultatif: Si le type de RAT change ou que le SGW dans 8 reçoit du MME les informations de localisation de l'utilisateur ou l'élément d'information sur le fuseau horaire de l'UE, le S-GW envoie le message « Modify Bearer Request » au P-GW. Le message contient le type de RAT.

10. Facultatif: Le P-GW met à jour les contextes support de transport et retourne

le message « Modify Bearer Response » au SGW.

11. Facultatif: Si le PCC dynamique est activé et que le type de RAT ou les informations de localisation de l'UE doivent être connues par le PCRF, le PGW initie la procédure de changement IP-CAN et envoie les informations au PCRF.

11a. Le P-GW envoie le message CCR-U au PCRF pour indiquer au PCRF de modifier la session IP-CAN.

11b. Le PCRF associe la requête de règle PCC à la session IP-CAN et aux informations de service P-GW disponibles.

11c. Le PCRF effectue l'autorisation et la prise de décision politique.

11d. Le PCRF renvoie le message CCA-U au P-GW. Le message contient les règles PCC, les déclencheurs d'événement et le mode d'établissement de support de transport IP-CAN sélectionné (si modifié).

12. Le SGW met à jour les contextes de support de transport et retourne le message « Modify Bearer Response » au nouveau MME. Le message contient l'adresse du SGW et le TEID pour le trafic de liaison montante.

13. Le nouveau MME envoie le message de demande de mise à jour la localisation au HSS et notifie le HSS que le MME a été modifié. Le message contient l'ID MME, l'IMSI, les indicateurs ULR (Update Location Request) et les capacités MME.

14. Le serveur HSS envoie le message « Cancel Location » d'annulation de localisation à l'ancien MME. Le message contient l'IMSI et le type annulation.

15. Si le temporisateur défini dans 4 n'est pas actif, l'ancien MME supprime les contextes MM (Mobility Management) et support de transport. Sinon, les contextes sont supprimés après l'expiration du délai. De cette manière, l'ancienne MME conserve toujours les contextes MM lorsque l'UE initie d'autres procédures TAU avant l'achèvement de cette TAU. Après la suppression des contextes, l'ancien MME envoie le message Cancel Location Ack au HSS. Le message contient l'IMSI.

16. Le serveur HSS envoie le message d'accusé de réception de la mise à jour de la localisation au nouveau MME. Le message contient l'IMSI et et les données de souscription.

17. Le MME envoie le message « Tracking Area Update Accept » à l'UE. Le message contient le GUTI, TAI-list et le statut du support de transport EPS. Si le

MME réattribue un GUTI, le GUTI est remis à l'UE avec le message.

18. Facultatif: Si un GUTI est réattribué, l'UE envoie le message « Tracking Area Update Complete » au MME pour confirmation.

III.2.2.4. TAU inter-MME avec changement de SGW

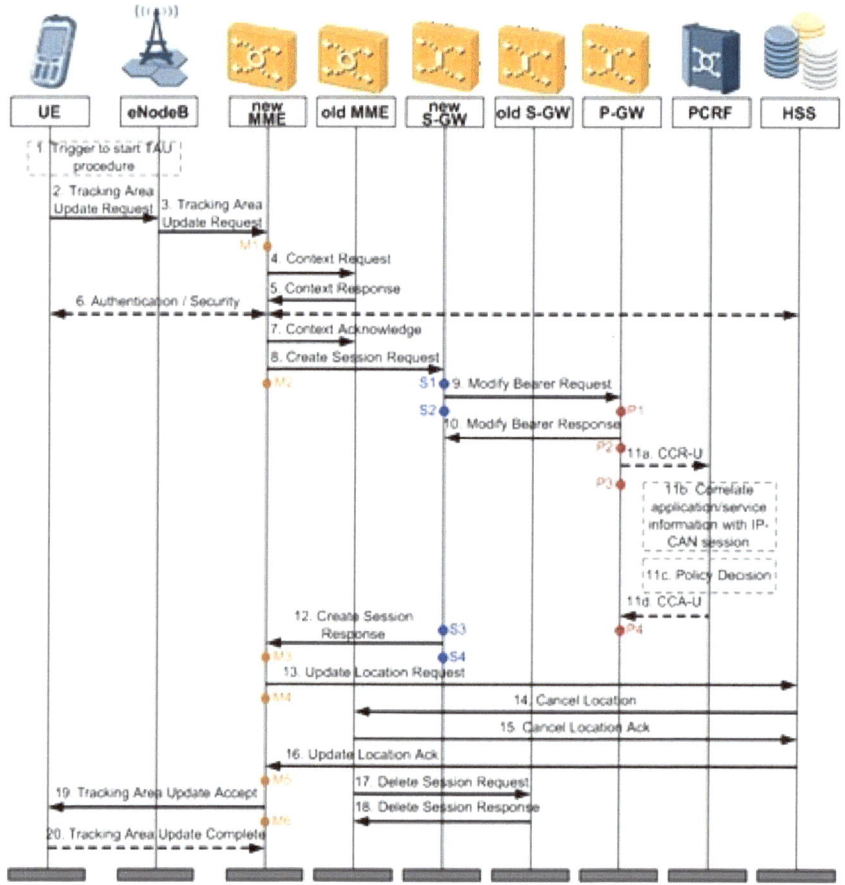

Figure 39 : procédure TAU inter-MME avec changement de SGW

La procédure TAU inter-E-UTRAN détaillée avec le MME et le S-GW modifié est la suivante [20]:

1. L'une des conditions de déclenchement est remplie et une procédure TAU démarre.

2. L'UE lance une procédure TAU en envoyant le message « Tracking Area Update Request » à l'eNodeB et le paramètre RRC contenant le réseau

sélectionné et l'ancien GUMMEI spécifié. Si l'UE a un contexte de sécurité EPS valide, le message TAU a besoin d'une protection d'intégrité.

3. L'eNodeB trouve le MME au moyen de l'identifiant MME globalement unique (GUMMEI) et du réseau sélectionné, et transmet le message « Tracking Area Update Request » au MME.

4. Le nouveau MME obtient l'ancienne adresse MME au moyen du GUTI et envoie le message « Context Request » de demande de contexte à l'ancien MME pour obtenir de nouveau les informations de l'abonné. Le message contient l'ancien GUTI, l'adresse MME, l'UE validé, le message « Tracking Area Update request » complet et la signature P-TMSI. L'ancien MME utilise « Tracking Area Update request » complet pour vérifier la validité du message de demande de contexte. Si le nouveau MME indique qu'il authentifie l'UE ou que l'UE passe le contrôle de validité de l'ancien MME, l'ancien MME démarre un temporisateur (timer) pour surveiller la suppression de ressource.

5. L'ancien MME retourne le message « Context response » au nouveau MME. Le message contient IMSI, ME Identity (si disponible) et MSISDN.

6. Facultatif: Si la vérification d'intégrité de 2 échoue, la procédure d'authentification est requise.

7. Le nouveau MME détermine s'il faut re-sélectionner un S-GW. Lorsque l'ancien S-GW ne parvient pas à desservir l'UE ou que le nouveau S-GW peut fournir des services plus longtemps à l'UE ou obtenir un meilleur chemin vers le P-GW ou établir le chemin avec le PGW, la re-sélection SGW est effectuée. Le nouveau MME envoie le message « Contexte Acknowledge » à l'ancien MME. Le message contient l'indication de changement de SGW (indiquant le nouveau SGW sélectionné). L'ancien MME marque les SGW et HSS dans les contextes UE comme indisponibles. L'ancien MME peut mettre à jour les informations SGW, PGW et HSS lorsque l'UE lance la procédure TAU de retour à l'ancienne MME avant que cette procédure TAU soit terminée.

8. Le nouveau MME continue de maintenir les contextes de support de transport EPS de l'UE reçus de l'ancien MME. Le MME vérifie l'état du support de transport EPS de l'UE et libère les ressources réseau liées au support de transport EPS qui n'est pas dans l'état actif. S'il n'y a pas de contextes de support de transport, le MME rejette la demande de TAU.

Le MME envoie le message de demande de création de session au nouveau S-GW sélectionné pour chaque connexion PDN de l'UE. Le message contient IMSI, les contextes supports de transport, l'adresse MME et TEID, le type, le type de protocole sur l'interface S5 / S8, le type RAT et Serving Network.

9. Le nouveau S-GW envoie le message « Modify Bearer Request » au P-GW de la connexion PDN pour notifier le changement d'informations de support de transport. Le message contient l'adresse du SGW et TEID, RAT type et Serving Network.

10. Le PGW met à jour les contextes de support de transport et retourne le message « Modify Bearer Response » au nouveau SGW.

11. Facultatif: Si le dynamic PCC est activé et que les informations de type RAT doivent être connues par le PCRF, le P-GW initie une procédure de modification de session IP-CAN et envoie les informations de type RAT au PCRF.

11a. Le P-GW envoie le message CCR-U au PCRF pour indiquer au PCRF de modifier la session IP-CAN.

11b. Le PCRF associe la requête de règle PCC à la session IP-CAN et aux informations de service P-GW disponibles.

11c. Le PCRF effectue l'autorisation et la prise de décision politique.

11d. Le PCRF retourne le message CCA-U au PGW. Le message contient les règles PCC, les déclencheurs d'événement et le mode d'établissement de support IP-CAN sélectionné (si modifié).

12. Le nouveau SGW met à jour les contextes support de transport et retourne le message Create Session Response au MME.

13. Le nouveau MME vérifie si les données de souscription de l'UE sont stockées localement. Les données sont envoyées par l'ancien MME avec les données de contexte et sont identifiées par le GUTI, le GUTI supplémentaire ou l'IMSI. Si le nouveau MME n'a pas de données de souscription de l'EU, le nouveau MME envoie le message « Update Location Request » au HSS. Le message contient l'identifiant MME, IMSI, les indicateurs ULR (Update Location Request), les capacités MME et le support homogène des sessions IMS sur PS.

14. Le HSS envoie le message « Cancel Location » à l'ancien MME. Le message contient l'IMSI et le type d'annulation.

15. Si le temporisateur (timer) défini dans 4 n'est pas actif, l'ancien MME

supprime les contextes MM (Mobility Management). Sinon, les contextes sont supprimés après l'expiration du délai. De cette manière, l'ancien MME conserve toujours les contextes MM si l'UE initie d'autres procédures TAU avant l'achèvement de la procédure TAU encours. Après la suppression des contextes, l'ancien MME envoie le message « Cancel Location Ack » au HSS. Le message contient l'IMSI.

16. Le HSS envoie le message « Update Location Ack » au nouveau MME. Le message contient l'IMSI et les données de souscription.

17. Lorsque le temporisateur dans 4 expire, l'ancien MME libère les ressources support de transport locales et envoie le message « Delete Session Request » à l'ancien S-GW pour lui demander de libérer les ressources support de transport EPS. Le message contient la cause. La cause indique que l'ancien S-GW n'initie pas de procédure de suppression de support de transport au P-GW.

18. L'ancien SGW retourne le message « Delete Session Response » à l'ancien MME et supprime tous les paquets de données mis en mémoire tampon pour l'UE. Le message contient la cause.

19. Le MME envoie le message « Tracking Area Update Accept » à l'UE. Le message contient le GUTI, TAI-list et statut du support de transport EPS. Si le MME réattribue un GUTI, le GUTI est remis à l'UE avec le message.

20. Facultatif: Si un GUTI est réattribué, l'UE envoie le message « Tracking Area Update Complete » au MME pour confirmation.

III.2.3. Gestion des échanges avec internet
III.2.3.1. Requête d'un service sur internet (uplink data)

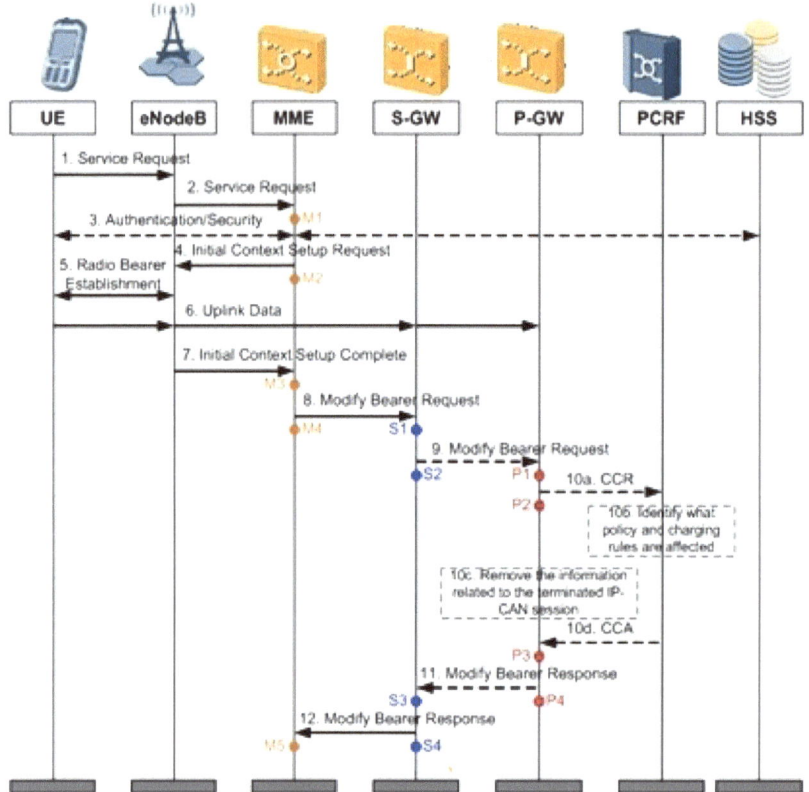

Figure 40 : Procédure d'envoi d'une requête d'un service sur internet

La procédure détaillée de demande de service lancée par l'UE (S5 / S8 à base de GTP-C) est la suivante [20]:

1. L'UE envoie le message NAS (Non Access Stratum c'est-à-dire le message transit juste par l'eNodeB vers le MME qui est le destinataire du message) « Service Request » vers le MME encapsulé dans un message RRC vers l'eNodeB. Le (s) message (s) RRC peuvent être utilisés pour transporter le S-TMSI et ce message NAS.

2. L'eNodeB transmet le message de demande de service de la couche NAS au MME. Le message est encapsulé dans le message « Initial UE message » et contient le message NAS, TAI + ECGI de la cellule de desserte, S-TMSI, CSG ID et le mode d'accès CSG.

Si le MME ne peut pas gérer la demande de service, il le rejettera.

3. Facultatif: Les procédures d'authentification / sécurité NAS peuvent être effectuées.

4. Le MME envoie le message « Initial Context Setup Request » à l'eNodeB. Le message contient l'adresse SGW, S1-TEID(s) (UL), la QoS du support de transport EPS et le contexte de sécurité.

Cette étape active la radio et les supports de transport de l'interface S1 pour tous les supports EPS actifs. L'eNodeB stocke le contexte de sécurité, l'ID de connexion de signalisation MME, la QoS de support de transport EPS et S1-TEID(s) dans le contexte UE RAN.

5. L'eNodeB exécute la procédure d'établissement du support de transport radio. La sécurité du plan utilisateur est établie à cette étape lorsque les supports de transport radio du plan de l'utilisateur sont configurés. La synchronisation de l'état du support de transport EPS est effectuée entre l'UE et le réseau, c'est-à-dire que l'UE supprime localement tout support de transport EPS pour lequel aucun support de transport radio n'est configuré et si le support de transport radio pour un support de transport EPS par défaut n'est pas établi, l'UE désactiver tous les supports de transport EPS associés à ce support de transport EPS par défaut.

6. Les données de liaison montante provenant de l'UE peuvent maintenant être transmises par eNodeB au SGW. L'eNodeB envoie les données de liaison montante en se basant sur l'adresse du SGW et le TEID fournies à l'étape 4. Le SGW transmet les données de liaison montante au PDN GW.

7. L'eNodeB envoie le message « Initial Context Setup Complete » au MME. Le message contient l'adresse eNodeB, la liste des supports de transport EPS acceptés, la liste des supports de transport EPS rejetés et le ou les S1 TEID(s) (DL).

8. Le MME envoie le message « Modify Bearer Request » au S-GW. Le message contient l'adresse eNodeB, S1 TEID(s) (DL) pour les supports de transport EPS acceptés, le delais de demande de notification de paquet en liaison descendante et le type de RAT.

Le SGW est maintenant capable de transmettre des données de liaison descendante vers l'UE.

9. Facultatif: Si le type de RAT a changé par rapport au dernier type de RAT signalé ou si la localisation et/ou les éléments d'information de l'UE sont présents à l'étape 8, le SGW enverra le message « Modify Bearer Request » par connexion PDN au PGW.

10. Facultatif: Si « dynamic PCC » est activé, le P-GW initie la procédure de modification de session IP-CAN pour obtenir les règles PCC mappant les types de RAT du PCRF. Si «dynamic PCC » est désactivé, le P-GW utilise les stratégies QoS configurées localement.

10a. Le P-GW envoie le message CCR au PCRF pour indiquer au PCRF de modifier la session IP-CAN.

10b. Le PCRF associe la requête de règle PCC à la session IP-CAN et aux informations de service PGW disponibles.

10c. Le PCRF effectue l'autorisation et la prise de décision politique.

10d. Le PCRF retourne le message CCA au PGW. Le message contient les règles PCC, les déclencheurs d'événement et le mode d'établissement de support IP-CAN sélectionné.

11. Facultatif: Le P-GW envoie le message « Modify Bearer Reponse » au SGW. Le S-GW envoie le message « Modify Bearer Response » au MME.

III.2.3.2. Paging (downlink data)

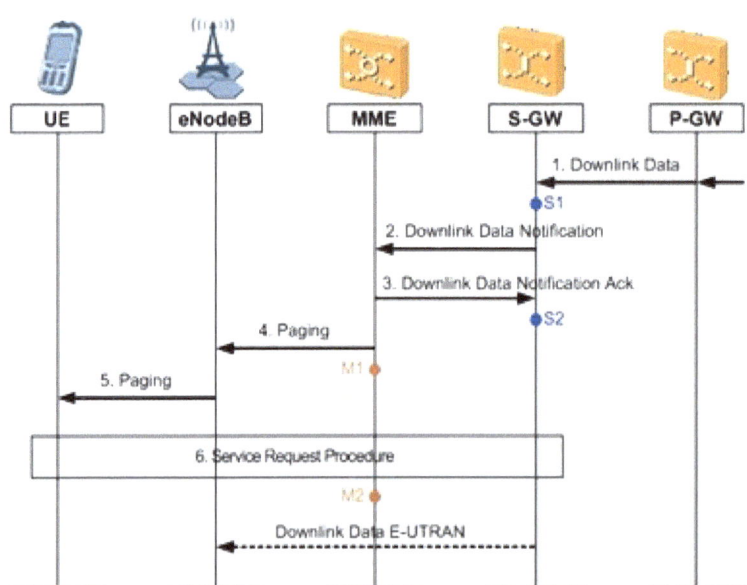

Figure 41 : procédure de paging

La procédure détaillée de demande de service lancée par le réseau (S5 / S8 à base de GTP-C) est la suivante [20]:

1. Lorsque le SGW reçoit un paquet de données de liaison descendante pour un UE connu comme n'étant pas connecté au plan utilisateur (les données de contexte SGW n'indiquent aucun TEID de plan utilisateur de liaison descendante), il met le paquet de données de liaison descendante en mémoire tampon et identifie le MME desservant cet UE.

2. Le SGW envoie un message de notification de données de liaison descendante (Downlink Data Notification) aux nœuds MME pour lesquels il a une connectivité de plan de contrôle pour l'UE donné.

3. Le MME répond au SGW avec un message d'accusé de réception de notification de données de liaison descendante (Downlink Data Notification Acknowledge).

REMARQUE:

Si le SGW reçoit des paquets de données de liaison descendante supplémentaires pour cet UE, le SGW met ces paquets de données de liaison descendante en mémoire tampon et le SGW n'envoie pas de nouvelle notification de données de liaison descendante.

4. Le MME envoie le message de recherche d'UE (paging) à chaque eNodeB du ou des TA(s) enregistrés par l'UE. Le message contient « NAS ID » pour le paging, les TAI (s), l'identifiant de l'UE basé sur l'index DRX, la longueur du DRX de paging et la liste des ID CSG pour le paging.

5. L'eNodeB initie le paging vers l'UE.

6. Lorsque l'UE est dans l'état « ECM-IDLE », à la réception de l'indication de paging dans l'accès E-UTRAN, l'UE lance la procédure « UE Triggered Service Request ». Si le MME a déjà une connexion de signalisation sur l'interface S1-MME vers l'UE, alors la séquence de messages effectuée commence à partir de l'étape pendant laquelle le MME établit le ou les supports de transport.

Le MME supervise la procédure de recherche d'UE avec un temporisateur. Si le MME ne reçoit aucune réponse de l'UE au message de demande de paging, il peut répéter le paging.

Si le MME ne reçoit aucune réponse de l'UE après cette procédure de répétition du paging, il doit utiliser le message « Downlink DataNotification Reject » de rejet de notification de données de liaison descendante pour notifier le SGW de l'échec du paging.

III.2.4. Handover

III.2.4.1. Handover X2 intra-MME sans changement de SGW

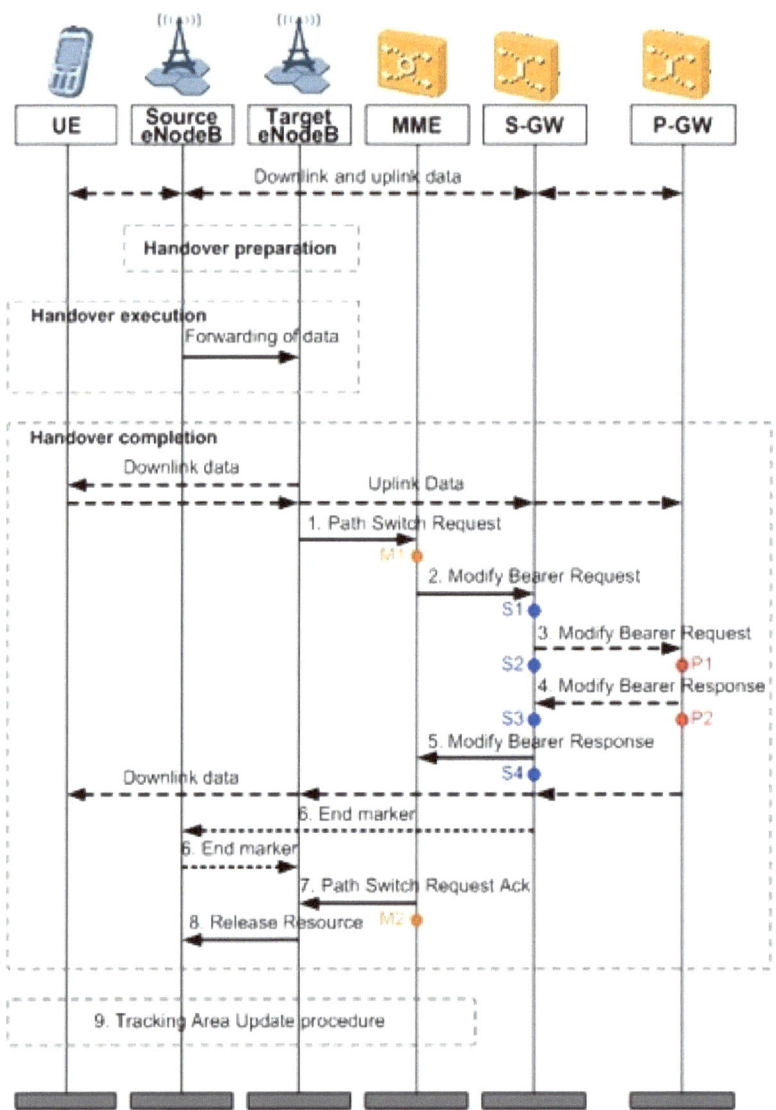

Figure 42 : procédure X2 intra-MME sans changement de SGW

La procédure de handover détaillée basée sur l'interface X2 sans changement de SGW (S5 / S8 à base de GTP-C) est la suivante [20]:

1. L'eNodeB cible envoie le message « Path Switch Request » au MME pour informer le MME que la cellule de UE a changé. Le message contient le TAI et l'ECGI de la cellule cible et la liste des supports de transport EPS. Le MME détermine que le S-GW peut continuer à fournir des services pour l'UE.

2. Le MME envoie le message « Modify Bearer Resquet » au SGW pour chaque connexion PDN. Le message contient des adresses des eNodeB et les TEID pour le plan utilisateur de liaison descendante pour les supports de transport EPS acceptés.

Si le P-GW a demandé les informations de localisation de l'UE, le MME inclut également les éléments d'information sur la localisation de l'utilisateur dans ce message. Si le fuseau horaire UE a changé, le MME inclut l'élément d'information Fuseau horaire de l'UE dans ce message.

Le MME utilise la liste de supports de transport EPS obtenue en 1 pour déterminer les supports de transport dédiés qui ne sont pas acceptés par l'eNodeB cible. Le MME libère les supports de transport dédiés non acceptés dans le processus de libération de support de transport. Si le S-GW reçoit des paquets de données de liaison descendante pour des supports de transport rejetés, le S-GW ignore les paquets de liaison descendante et n'envoie pas le message de notification de données de liaison descendante au MME.

Si l'eNodeB cible n'accepte pas le support de transport par défaut d'une connexion PDN et que plusieurs supports de transport sont actifs, le MME considère que tous les supports de transport de la connexion PDN doivent être libérés et libère ces supports de transport pendant le processus de libération de connexion PDN demandé par MME. Si l'eNodeB cible n'accepte aucun support de transport par défaut, le MME doit faire appel aux processus de détachement et de suppression de session.

3. Facultatif: Si le S-GW reçoit les éléments d'information de localisation de l'utilisateur et / ou l'élément d'information Fuseau horaire et / ou l'élément d'information réseau de service en 2, le S-GW envoie le message « Modify Bearer Request » au P-GW pour chaque connexion PDN. Le message contient l'adresse du SGW et le TEID, les éléments d'information de localisation de l'utilisateur et

/ ou le fuseau horaire de UE et / ou le réseau de service.

4. Facultatif: Le P-GW met à jour les contextes support de transport et retourne le message « Modify Bearer Response » au SGW.

5. Le S-GW commence à utiliser l'adresse reçue et le TEID pour envoyer des paquets de données de liaison descendante à l'eNodeB cible et retourne le message « Modify Bearer Response » au MME.

6. Afin d'assister la fonction de remise en ordre dans l'eNodeB cible, le serveur GW enverra un ou plusieurs paquets de "marqueur de fin" sur l'ancien chemin immédiatement après le changement de chemin.

7. Le MME envoie le message « Path Switch Request Acknowledge » à l'eNodeB cible. Le message contient l'adresse du SGW et les TEID(s) de liaison montante pour le plan utilisateur.

Si l'UE-AMBR est modifiée, par exemple, tous les supports de transport EPS qui sont associés au même APN sont rejetés dans l'eNodeB cible, le MME doit fournir la valeur mise à jour de l'UE-AMBR à l'eNodeB cible dans le message demande de changement de chemin.

Si certains supports de transport EPS dans le cœur du réseau ne parviennent pas à être convertis, le MME doit indiquer les supports de transport défaillants dans le message d'accusé de réception de demande de changement de chemin et initier le processus de libération du support de transport pour libérer les ressources du cœur de réseau correspondant aux supports de transport EPS non établis. L'eNodeB cible doit supprimer les contextes supports de transport échoués indiqués par le MME.

8. L'eNodeB cible envoie le message Release Resource à l'eNodeB source pour informer l'eNodeB source du succès du transfert, déclenchant la libération de la ressource.

L'UE lance une procédure TAU (Tracking Area Update) lorsque l'une des conditions énumérées dans TAU de l'E-UTRAN à E-UTRAN, intra-MME, sans modification de SGW s'applique.

III.2.4.2. Handover X2 intra-MME avec changement de SGW

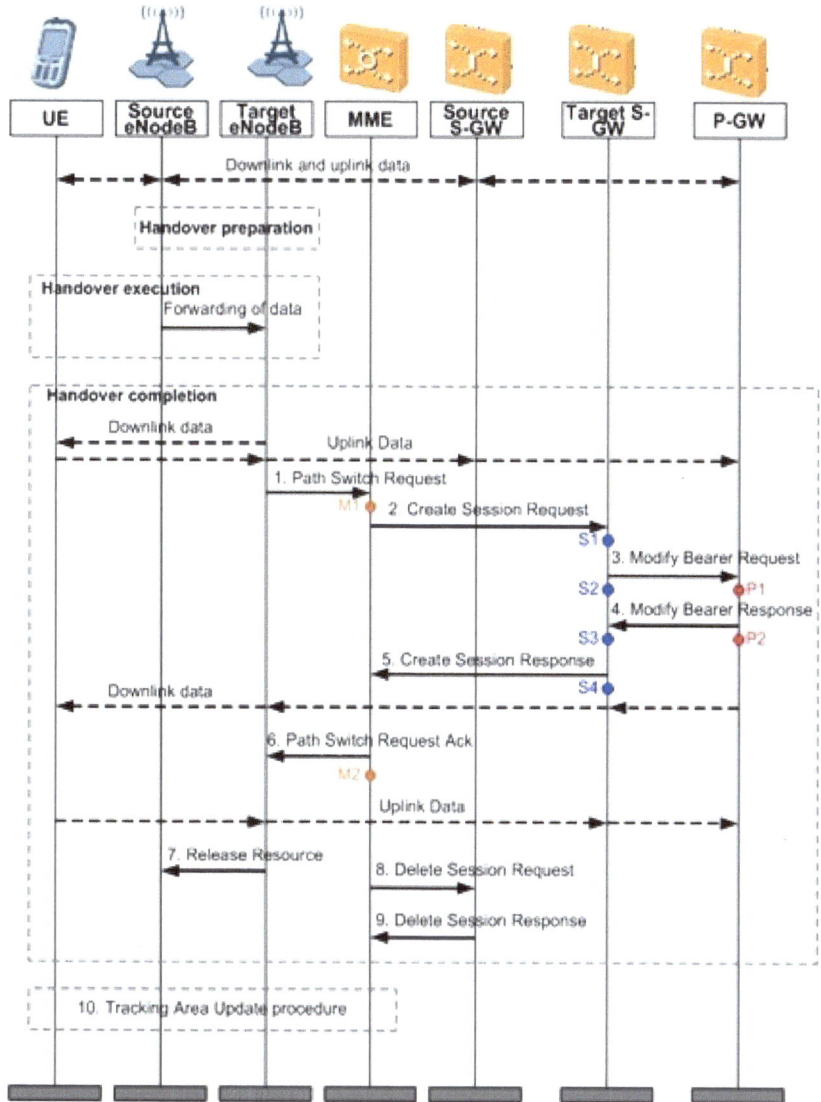

Figure 43 : procédure X2 intra-MME avec changement de SGW

La procédure de transfert détaillée basée sur l'interface X2 avec changement de S-GW (S5 / S8 à base de GTP-C) est la suivante [20]:

1. L'eNodeB cible envoie le message « Path Switch Request » au MME pour informer le MME que la cellule de l'UE a changé. Le message contient le TAI et l'ECGI de la cellule cible et la liste des supports de transport EPS convertis. Le

MME détermine la relocalisation du SGW et sélectionne un nouveau SGW.

2. Le MME envoie le message de demande de création de session au S-GW cible pour chaque connexion PDN. Le message contient le ou les contextes support de transport avec les adresses des PGW et les TEIDs (pour S5 / S8 GTP) sur les PGW pour le trafic montant, les adresses des eNodeB et les TEID en liaison descendante du plan utilisateur pour les supports de transport EPS acceptés, le type de protocole sur l'interface S5 / S8, réseau de service, fuseau horaire de l'UE.

Le SGW cible alloue les adresses SGW et TEID pour le trafic de liaison montante sur le point de référence S1_U (un TEID par support de transport). Si le PGW a demandé les informations de localisation de l'UE, le MME contient également les éléments d'information sur la localisation de l'utilisateur dans ce message.

Le MME utilise la liste de supports de transport EPS obtenue en 1 pour déterminer les supports dédiés qui ne sont pas acceptés par l'eNodeB cible. Le MME libère les supports de transport dédiés non acceptés dans le processus de libération du support. Si le S-GW reçoit les paquets de données de liaison descendante pour des supports de transport rejetés, le SGW rejette les paquets de liaison descendante et n'envoie pas le message de notification de données de liaison descendante au MME.

Si l'eNodeB cible n'accepte pas le support de transport par défaut d'une connexion PDN et que plusieurs supports de transport sont actifs, MME considère que tous les supports de transport de la connexion PDN doivent être libérés et libéra ces supports pendant le processus de libération de connexion PDN demandé par MME. Si l'eNodeB cible n'accepte aucun support par défaut, MME doit faire appel au processus de détachement et de suppression de session.

3. Le SGW cible alloue l'adresse SGW et les TEID pour les services de liaison descendante à partir de la passerelle PGW (un TEID est alloué à chaque support de transport). Le SGW alloue des TEID de liaison descendante pour l'interface S5 / S8 pour les supports de transport rejetés. Le SGW envoie le message « Modify Bearer Request » au P-GW pour chaque connexion PDN. Le message contient les adresses des SGW pour le plan utilisateur et les TEID (s), le réseau de service. Le SGW intègre également l'élément d'information de localisation de

l'utilisateur et / ou fuseau horaire de l'UE s'il est présent à l'étape 2.

4. Le PGW met à jour les contextes de support et retourne « Modify Bearer Response » au SGW. Le PGW commence à envoyer des paquets de liaison descendante au SGW cible en utilisant l'adresse nouvellement reçue et les TEID. Ces paquets de liaison descendante utiliseront le nouveau chemin de liaison descendante via le SGW cible vers l'eNodeB cible. Le SGW doit allouer des TEID pour les supports de transport défaillants et informer le MME.

5. Le SGW cible envoie le message « Create Session Response » de réponse de création de session au MME et le MME initialise un temporisateur. Le temporisateur est utilisé en 8.

6. Le MME envoie le message « Path Switch Request Acknowledge » à l'eNodeB cible. Le message contient des adresses SGW et les TEID de liaison montante pour le plan utilisateur.

Si l'UE-AMBR est modifiée, par exemple, tous les supports de transport EPS qui sont associés au même APN sont rejetés dans l'eNodeB cible, le MME doit fournir la valeur mise à jour de l'UE-AMBR à l'eNodeB cible dans le message de demande de changement de chemin. L'eNodeB cible commence à utiliser les nouvelles adresses SGW et TEID pour transmettre les paquets de liaison montante suivants.

Si certains supports de transport EPS dans le cœur de réseau ne parviennent pas à être convertis, le MME doit indiquer les supports défaillants dans le message d'acquitement de demande de changement de chemin et initier le processus de libération du support de transport pour libérer les ressources du cœur de réseau correspondant aux supports de transport EPS non établis. L'eNodeB cible doit supprimer les contextes supports de transport échoués indiqués par le MME.

7. L'eNodeB cible envoie le message Release Resource à l'eNodeB source pour informer l'eNodeB source du succès du transfert, déclenchant la libération de la ressource.

8. Lorsque le temporisateur dans 5 expire, le MME envoie le message de demande de suppression de session au S-GW source pour libérer des ressources support de transport EPS. Le message contient la cause. La cause indique que le SGW n'initie pas un processus de suppression de support de transport au P-GW.

9. Le SGW source envoie le message « Delete Session Response » au MME.

10. L'UE lance une procédure de TAU lorsque l'une des conditions énumérées dans TAU de E-UTRAN à E-UTRAN, intra-MME, avec modification S-GW s'applique.

III.2.4.3. Handover S1 inter-MME sans changement de SGW

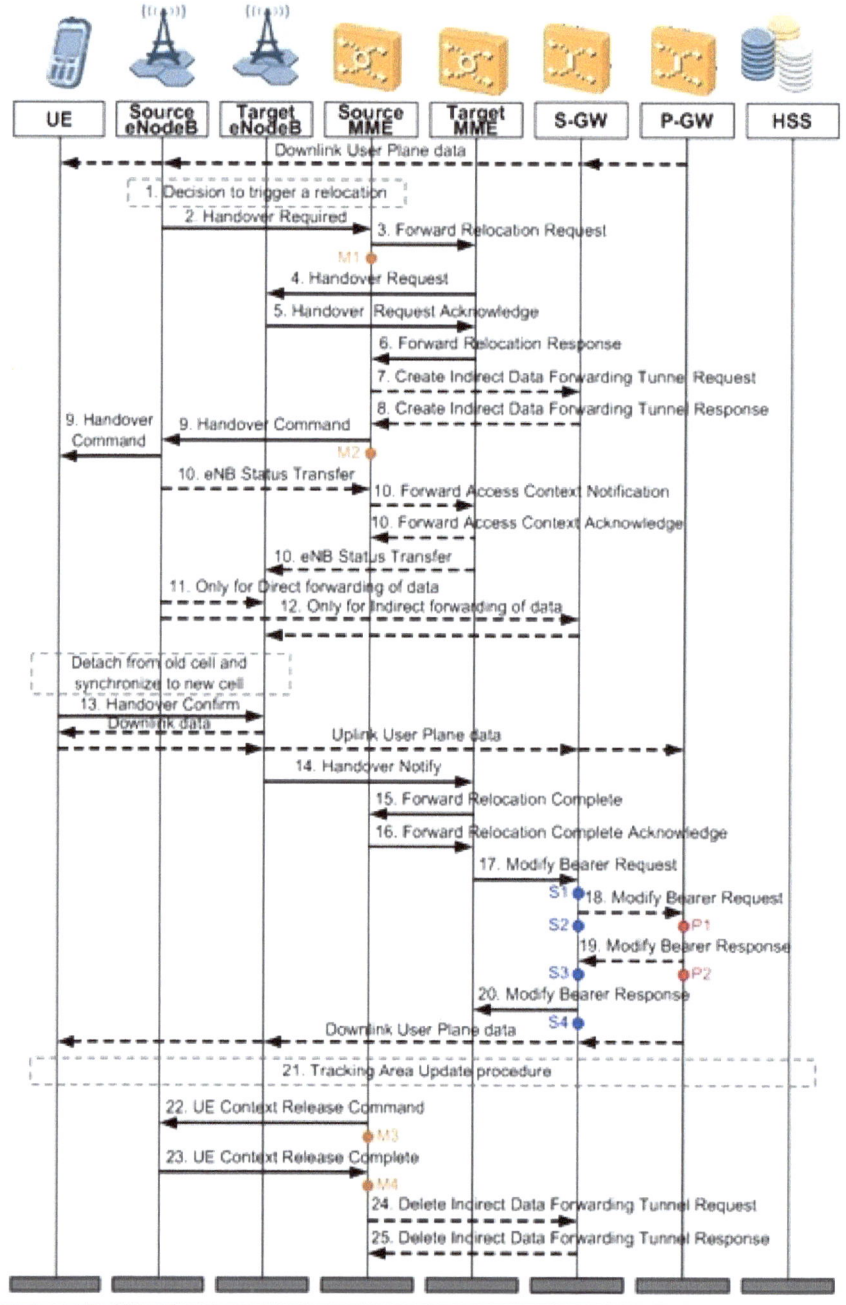

Figure 44 : procédure S1 inter-MME sans changement de SGW

Le processus de transfert détaillé basé sur S1 avec le MME modifié et S-GW inchangé (S5 / S8 à base de GTP-C) est le suivant [20]:

1. L'eNodeB source décide d'initier un transfert basé sur l'interface S1 vers l'eNodeB cible. Ceci peut être déclenché, par exemple, par aucune connectivité sur l'interface X2 vers l'eNodeB cible, ou par une indication d'erreur provenant de l'eNodeB cible après un transfert manqué basé sur l'interface X2, ou par des informations dynamiques apprises par l'eNodeB source.

2. L'eNodeB source envoie le message « Handover Required » au MME source pour demander un transfert. Le message contient la disponibilité du chemin d'accès direct, le conteneur transparent Source vers cible, l'identifiant de l'eNodeB cible, l'ID CSG, le mode d'accès CSG, le TAI cible et la cause S1AP. Le conteneur transparent Source vers cible indique la liste des supports de transport pour le transfert de données. La disponibilité du chemin d'acheminement direct indique si la redirection directe de l'eNodeB source vers l'eNodeB cible peut être effectuée. Le TAI cible permet aux utilisateurs de sélectionner le MME cible approprié.

3. Le MME source sélectionne le MME cible et envoie le message « Forward Relocation Request » de demande de relocalisation vers le MME cible. Le message contient le contexte MME de l'UE, le conteneur transparent Source vers cible, la cause RAN, l'identité de l'eNodeB cible et l'indicateur Direct Forwarding.

L'indicateur « Direct Forwarding » indique si le transfert direct est appliqué ou si le transfert indirect va être configuré par le côté source.

Le MME cible doit déterminer la restriction d'APN maximale sur la base de la restriction APN de chaque contexte de support de transport dans la demande « Forward Relocation Request », et doit ensuite stocker la nouvelle valeur de restriction APN maximale.

4. Le MME cible envoie le message « Handover Request » de demande de transfert à l'eNodeB cible. Les contextes UE sont créés sur l'eNodeB cible, y compris les informations de support de transport et les contextes de sécurité. Le message contient des supports de transport EPS à configurer, AMBR, la cause S1AP, le conteneur transparent Source vers cible, l'ID CSG, l'indication « CSG

Membership » et liste de restriction de transfert.

Pour chaque support de transport EPS, le paramètre Bearers to Setup comprend l'adresse du SGW et le TEID de liaison montante pour le plan utilisateur, et la QoS de support de transport EPS. Si l'indicateur d'acheminement direct (Direct Forwarding) indique l'indisponibilité du renvoi direct et que le MME cible sait qu'il n'y a pas de connectivité indirecte de transmission de données entre la source et la cible, les support de transport à construire doivent avoir l'indication "Transférer les données n'est pas possible" pour chaque support de transport EPS.

La cause S1AP indique la cause RAN reçue du MME source.

5. L'eNodeB cible envoie le message « Handover Request Acknowledge » au MME cible. Le message contient la liste des support de transport EPS établis (EPS Bearer Setup list), et la liste des supports de transport EPS non établis, le conteneur transparent source vers cible.

La liste EPS Bearer Setup comprend une liste d'adresses et de TEID alloués à l'eNodeB cible pour le trafic de liaison descendante sur le point de référence S1-U (un TEID par support de transport) et les adresses et TEID pour recevoir les données transférées si nécessaire.

Si l'UE-AMBR est modifié, par exemple, tous les supports de transport EPS qui sont associés au même APN sont rejetés dans l'eNodeB cible, le MME doit recalculer le nouvel UE-AMBR et signaler la valeur UE-AMBR modifiée à l'eNodeB cible. .

REMARQUE:

Si aucun des supports de transport EPS par défaut n'a été accepté par l'eNodeB cible, le MME cible doit rejeter le transfert.

6. Le MME cible envoie le message « Foorward Relocation Response » au MME source. Le message contient la cause, le conteneur transparent Cible vers source, Liste de de support de transport EPS établis, les adresses et les TEID. Pour le transfert direct, ce message contient l'adresse du SGW et les TEID pour le transfert indirect (source ou cible).

7. Facultatif: Si un transfert indirect est utilisé, le MME source envoie le message de demande de création de tunnel de transmission de données indirectes (Create Indirect Data Forwarding Tunnel Request) au S-GW pour établir les paramètres

de transfert. Le message contient les adresses eNodeB cibles et les TEID à transférer. Dans le cas d'une relocalisation SGW, le message contient l'ID du tunnel vers le SGW cible.

8. Facultatif: Le SGW envoie le message de réponse de création de tunnel de transfert de données indirectes (Create Indirect Data Forwarding Tunnel Response) au MME source. Le message contient les adresses SGW et TEID pour le transfert. La transmission indirecte peut être effectuée par un SGW différent du SGW utilisé comme point d'ancrage pour l'UE.

9. Le MME source envoie le message « Handover command » à l'eNodeB source. Le message contient le conteneur transparent cible vers source, les support de transport soumis à la transmission et les supports de transport à libérer. Les supports de transport soumis à la transmission incluent la liste des adresses et les TEID alloués pour la transmission.

La commande de transfert est construite en utilisant le conteneur transparent cible vers source et est envoyée à l'UE. Lors de la réception de ce message, l'UE enlève tous les supports de transport EPS pour lesquels il n'a pas reçu les supports de transport EPS radio correspondants dans la cellule cible.

10. Facultatif: L'eNodeB source envoie le message « eNB Status Transfer » à l'eNodeB cible au moyen du MME. Le message contient les statuts PDCP et HFN correspondants à E-RAB. Si l'E-RAB n'adopte pas le mécanisme d'enregistrement d'état PDCP, l'eNodeB source peut ne pas envoyer ce message. Lorsque la relocalisation MME se produit, le MME source transmet le message au MME cible au moyen du message « Forward Access Context Notification ». Après l'envoi du message « Forward Access Context Acknowledge » d'accusé de réception de contexte d'accès direct au MME source, le MME cible envoie le message « eNB status transfer » à l'eNodeB cible.

11. L'eNodeB source transmet les données de liaison descendante à l'eNodeB cible au moyen d'un transfert direct.

12. L'eNodeB source transmet les données de liaison descendante à eNodeB cible au moyen du transfert indirect.

13. Après que l'UE a été synchronisé avec la cellule cible, l'UE envoie le message Confirmation de transfert (Handover confirm) à l'eNodeB cible.

Les paquets de liaison descendante transmis depuis l'eNodeB source peuvent être envoyés à l'UE. En outre, les paquets de liaison montante peuvent être envoyés à partir de l'UE, qui sont transmis au SGW et au PGW.

14. L'eNodeB cible envoie le message de notification de transfert (Handover Notify) au MME cible. Le message contient TAI et ECGI.

15. Après la relocalisation du MME cible, le MME cible envoie le message « Forward Relocation Complete » au MME source.

16. Le MME source envoie le message « Forward Relocation Complete Acknowledge » au MME cible et lance un temporisateur pour surveiller la libération des ressources du SGW source dans le cas de la relocalisation de l'eNodeB et du S-GW.

Lors de la réception du message Forward Relocation Complete Acknowledge », le MME cible démarre un temporisateur si le MME cible a alloué des ressources SGW pour le transfert indirect.

17. Le MME cible envoie le message « Modify Bearer Request » au SGW pour chaque connexion PDN. Le message contient l'adresse eNodeB et le TEID affecté à l'eNodeB cible pour le trafic de liaison descendante sur l'interface S1-U pour les supports de transport EPS acceptés. Si le PGW demande la localisation de l'UE et / ou les informations CSG de l'utilisateur (déterminées à partir du contexte de l'UE), le MME inclut également les éléments d'information sur la localisation de l'utilisateur et / ou le CSG de l'utilisateur dans ce message. Si le fuseau horaire de l'UE a changé, le MME inclut le Fuseau horaire de l'UE dans ce message.

Le MME libère les supports de transport dédiés non acceptés en déclenchant la procédure de libération du support de transport. Si le SGW reçoit un paquet DL pour un support de transport non accepté, le SGW supprime le paquet DL et n'envoie pas de notification de données de liaison descendante au MME.

Si le support de transport par défaut d'une connexion PDN n'a pas été accepté par l'eNodeB cible et si d'autres connexions PDN sont actives, le MME doit le gérer de la même manière que si tous les supports de transport d'une connexion PDN n'étaient pas acceptés. Le MME libère ces connexions PDN en déclenchant la procédure de demande de déconnexion de PDN du MME.

18. Facultatif: Si le SGW reçoit les informations de localisation de l'utilisateur, le fuseau horaire de l'UE ou l'information CSG de l'utilisateur dans 17, le SGW

envoie le message « Modify Bearer Request » au PGW pour chaque connexion PDN. Le message contient les informations sur la localisation ou emplacement de l'utilisateur, le fuseau horaire de l'UE et les informations CSG de l'utilisateur.

19. Facultatif: Le PGW met à jour les contextes locaux et retourne le message « Modify Bearer Response » au SGW.

20. Le SGW envoie le message « Modify Bearer Response » au MME cible. Si le Serving GW ne change pas, le Serving GW doit envoyer un ou plusieurs paquets de "marqueur de fin" sur l'ancien chemin immédiatement après le changement de chemin afin d'assister la fonction de réarrangement dans l'eNodeB cible.

21. L'UE lance une procédure TAU lorsque l'une des conditions énumérées dans TAU de E-UTRAN à E-UTRAN, inter-MME, avec modification SGW s'applique.

22. Lorsque le temporisateur dans 16 expire, le MME source envoie le message « UE context Release Command » à l'eNodeB source.

23. L'eNodeB source libère les ressources liées à l'UE et envoie le message « UE Context Release Complete » au MME source.

24. Facultatif: Si le transfert indirect est utilisé et que le temporisateur dans 16 expire, le MME source envoie le message Demande de suppression du tunnel de transmission de données indirectes au SGW. Les ressources temporaires en 7 allouées pour le transfert indirect sont libérées.

25. Facultatif: Le SGW envoie le message « Delete Session Response » au MME source.

III.2.4.4. Handover S1 inter-MME avec changement de SGW

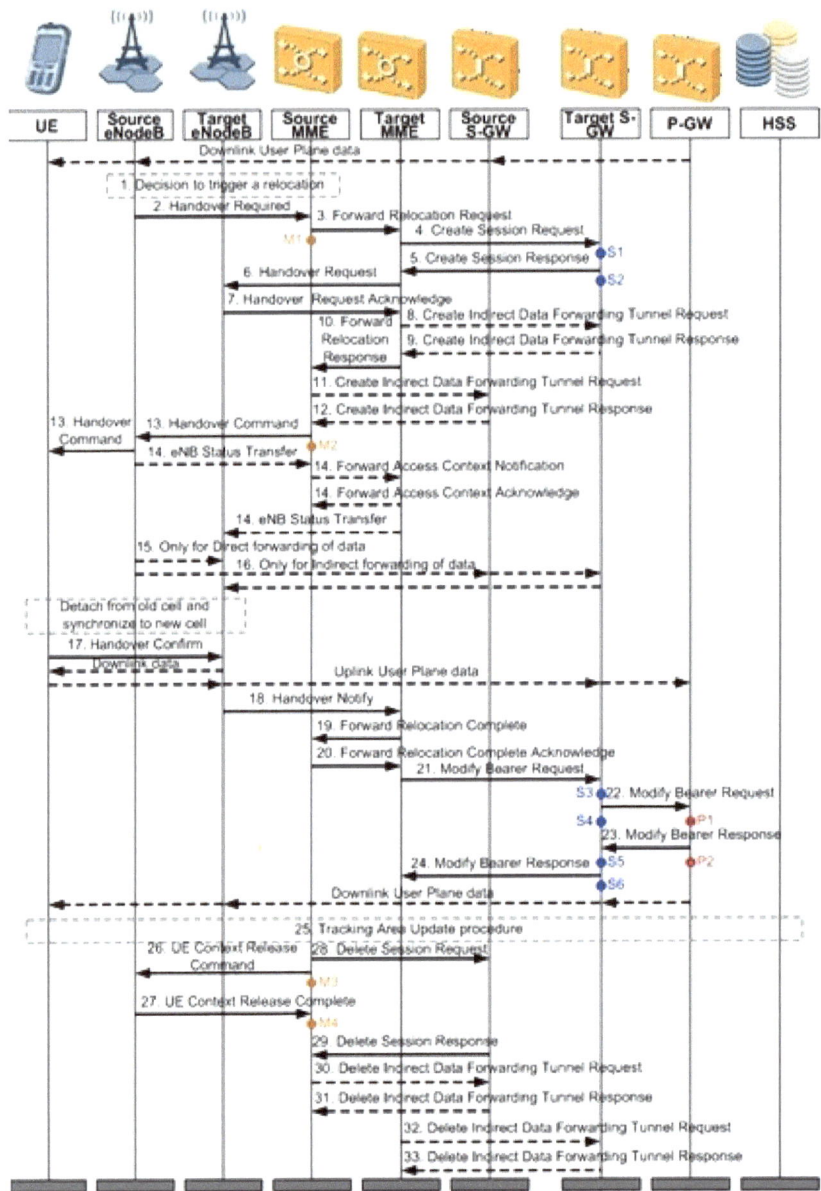

Figure 45 : procédure S1 inter-MME avec changement de SGW

La procédure de transfert détaillée basée sur l'interface S1 avec changement de MME et de SGW (S5 / S8 à base de GTP-C) est la suivante [20]:

1. L'eNodeB source décide d'initier un transfert (Handover) basé sur l'interface

S1 vers l'eNodeB cible. Ceci peut être déclenché, par exemple, par aucune connectivité sue l'interface X2 vers l'eNodeB cible, ou par une indication d'erreur provenant de l'eNodeB cible après un transfert manqué basé sur l'interface X2, ou par des informations dynamiques apprises par l'eNodeB source.

2. L'eNodeB source envoie le message « Handover Required » au MME source pour demander un transfert. Le message contient la disponibilité du chemin d'accès direct, le conteneur transparent Source vers cible, l'identité de l'eNodeB cible, l'ID CSG, le mode d'accès CSG, le TAI cible et la cause S1AP. Le conteneur transparent Source vers cible indique la liste des supports de transport pour le transfert de données. La disponibilité du chemin d'acheminement direct (Direct Forwarding Path Availability) indique si la transmission directe de l'eNodeB source vers l'eNodeB cible peut être effectuée. Le TAI cible permet aux utilisateurs de sélectionner le MME cible approprié.

3. Le MME source sélectionne le MME cible et envoie le message « Forward Relocation Request » au MME cible. Le message contient le contexte MME de l'UE, le conteneur transparent Source vers cible, la cause RAN, l'identité de l'eNodeB cible, le TAI cible et l'indicateur Direct Forwarding.

Le TAI cible est envoyé au MME cible pour l'aider à déterminer si une relocalisation SGW est nécessaire (et, si nécessaire, faciliter la sélection du SGW). L'indicateur « direct forwarding » indique si le transfert direct est appliqué ou si le transfert indirect va être configuré par la source.

Le MME cible doit déterminer la restriction d'APN maximale sur la base de la restriction APN de chaque contexte de support de transport dans le message « Forward Relocation Request », et doit ensuite stocker la nouvelle valeur de restriction APN maximale.

4. Le MME cible confirme si le SGW source peut continuer à fournir des services pour l'UE. Sinon, le MME cible sélectionne un nouveau SGW.

Le MME cible envoie le message « Create Session Request » de demande de création de session au SGW cible pour chaque connexion PDN de l'UE. Le message contient le (s) contexte (s) de support (s) de transport avec les adresses PGW et TEID (pour S5 / S8 GTP) sur les PGW pour le trafic montant et le réseau de service.

Le SGW cible alloue les adresses SGW et TEID pour le trafic de liaison montante sur le point de référence S1_U (un TEID par support de transport).

5. Le SGW cible retourne le message « Create Session Response » au MME cible.

6. Le MME cible envoie le message « Handover Request » de demande de transfert au eNodeB cible. Les contextes UE sont créés sur l'eNodeB cible, y compris les informations de support de transport et les contextes de sécurité. Le message contient des supports de transport EPS à configurer, l'AMBR, la cause S1AP, le conteneur transparent Source vers cible, ID CSG, le CSG Membership indication et la liste de restrictions de transfert.

Pour chaque support de transport EPS, les supports de transport à mettre en oeuvre comprennent l'adresse SGW et le TEID de liaison montante pour le plan utilisateur, et la QoS de support de transport EPS. Si l'indicateur « Direct forwarding » indique l'indisponibilité de la transmission directe (direct forwarding) et que le MME cible sait qu'il n'y a pas de connectivité indirecte de transmission de données entre la source et la cible, alors les support de transport à mettre en œuvre doivent inclure l'indication " Data forwarding not possible " pour chaque support de transport EPS.

la cause S1AP indique la cause RAN reçue du MME source.

7. L'eNodeB cible envoie le message « Handover Request Acknowledge » au MME cible. Le message contient la liste des support de transport établis, et les supports de transport EPS non établis, le conteneur transparent cible vers source. La liste des supports de transport EPS établis comprend une liste d'adresses et de TEID alloués à l'eNodeB cible pour le trafic de liaison descendante sur le point de référence S1-U (un TEID par support) et les adresses et TEID pour recevoir les données transférées si nécessaire.

Si l'UE-AMBR est modifiée, par exemple, tous les supports de transport EPS qui sont associés au même APN sont rejetés dans l'eNodeB cible, le MME doit recalculer le nouvel UE-AMBR et signaler la valeur UE-AMBR modifiée à l'eNodeB cible. .

Si aucun des supports de transport EPS par défaut n'a été accepté par l'eNodeB cible, le MME cible doit rejeter le transfert.

8. Facultatif: Si le transfert indirect (Indirect forwarding) est utilisé et que le SGW a changé, le MME cible envoie le message « Create Indirect Data Forwarding Tunnel Request » de demande de création de tunnel de transfert indirect de

données au S-GW cible pour établir les paramètres de transfert. Le message contient les adresses eNodeB cibles et les TEID à transférer.

9. Facultatif: Le SGW cible envoie le message « Create Indirect Data Forwarding Tunnel Reponse » de réponse de création de tunnel de transfert indirect de données au MME cible. Le message contient les adresses SGW de destination et les TEID à transmettre. Le transfert indirect peut être effectuée par un SGW différent du SGW utilisé comme point d'ancrage pour l'UE.

10. Le MME cible envoie le message « Forward Relocation Response » au MME source. Le message contient la cause, le conteneur transparent cible vers source, l'indication de changement de SGW, la liste de supports de transport EPS établis, les adresses et les TEID et la réponse de relocalisation du transfert. Pour le transfert direct, ce message inclut l'adresse SGW et les TEID pour le transfert indirect (source ou cible). L'indication de changement de SGW indique qu'un nouveau SGW a été sélectionné.

11. Facultatif: Si un transfert indirect est utilisé, le MME source envoie le message « Create Indirect Data Forwarding Tunnel Request » de demande de création de tunnel de transfert indirect de données au SGW pour établir les paramètres de transfert. Le message contient les adresses eNodeB cibles et les TEID à transférer. Dans le cas d'une relocalisation SGW, le message contient l'ID du tunnel vers le SGW cible.

12. Facultatif: Le SGW envoie le message « Create Indirect Data Forwarding Tunnel Response » de réponse de création de tunnel de transfert indirect de données au MME source. Le message contient les adresses SGW et TEID pour le transfert. Le transfert indirect peut être effectué par un SGW différent du SGW utilisé comme point d'ancrage pour l'UE.

13. Le MME source envoie le message « Handover Command » à l'eNodeB source. Le message contient le conteneur transparent cible vers source, les supports de transport soumis à un transfert et les supports de transport à libérer. Les supports de transport soumis à la transmission incluent la liste des adresses et les TEID alloués pour le transfert. Les supports de transport à libérer incluent la liste des supports de transport à libérer.

Le Handover Command est construit en utilisant le conteneur transparent cible vers source et est envoyé à l'UE. Lors de la réception de ce message, l'UE enlève tous les supports de transport EPS pour lesquels il n'a pas reçu les supports de transport radio EPS correspondants dans la cellule cible.

14. Facultatif: L'eNodeB source envoie le message « eNB Status Transfert» de transfert de l'état de l'eNodeB à l'eNodeB cible au moyen du MME. Le message contient les statuts PDCP et HFN correspondants à E-RAB. Si l'E-RAB n'adopte pas le mécanisme d'enregistrement d'état PDCP, l'eNodeB source peut ne pas envoyer ce message.

Lorsque la relocalisation MME se produit, le MME source transmet le message au MME cible au moyen du message « Forward Access Context Notification ». Après l'envoi du message « Forward Access Context Notification » au MME source, le MME cible envoie le message « eNB Status Transfer » à l'eNodeB cible.

15. L'eNodeB source transmet les données de liaison descendante à l'eNodeB cible au moyen d'un transfert direct.

16. L'eNodeB source transmet les données de liaison descendante à eNodeB cible au moyen du transfert indirect.

17. Après que l'UE a été synchronisé avec la cellule cible, l'UE envoie le message Confirmation de transfert (Handover Confirm) à l'eNodeB cible.

Les paquets de liaison descendante transmis depuis l'eNodeB source peuvent être envoyés à l'UE. En outre, les paquets de liaison montante peuvent être envoyés à partir de l'UE, qui sont transmis au SGW cible et au PGW.

18. L'eNodeB cible envoie le message « Hanover Notification » au MME cible. Le message contient TAI et ECGI.

19. Après la relocalisation du MME cible, le MME cible envoie le message « Forward Relocation Complet Notification »au MME source.

20. Le MME source envoie le message « Forward Relocation Complete Acknowledge » au MME cible et lance un temporisateur pour surveiller la libération des ressources du SGW source dans le cas de la relocalisation eNodeB et SGW.

Lors de la réception du message « Forward Relocation Complete Acknowledge », le MME cible démarre un temporisateur si le MME cible a alloué des ressources SGW pour le transfert indirect.

21. Le MME cible envoie le message « Modify Bearer Request » au SGW cible

pour chaque connexion PDN. Le message contient l'adresse eNodeB et le TEID affecté à l'eNodeB cible pour le trafic de liaison descendante sur l'interface S1-U pour les supports de transport EPS acceptés. Si le PGW demande l'emplacement de l'UE et / ou les informations CSG utilisateur (déterminées à partir du contexte de l'UE), le MME inclut également les éléments d'information sur l'emplacement de l'utilisateur et / ou le CSG de l'utilisateur dans ce message. Si le fuseau horaire UE a changé, le MME inclut le Fuseau horaire de l'UE dans ce message.

Le MME libère les supports de transport dédiés non acceptés en déclenchant la procédure de libération de support de transport. Si le SGW reçoit un paquet DL pour un support de transport non accepté, le SGW supprime le paquet DL et n'envoie pas de notification de données de liaison descendante au MME.

Si le support de transport par défaut d'une connexion PDN n'a pas été accepté par l'eNodeB cible et si d'autres connexions PDN sont actives, le MME doit le gérer de la même manière que si tous les supports de transport d'une connexion PDN n'étaient pas acceptés. Le MME libère ces connexions PDN en déclenchant la procédure de de demande de déconnexion de PDN du MME.

22. Le SGW cible alloue des adresses et des TEID pour les canaux de liaison descendante provenant du PGW, et envoie le message « Modify Bearer Request » au P-GW pour chaque connexion PDN. Le message contient des adresses SGW pour le plan utilisateur et TEID (s), et le réseau de service. Le SGW inclus également l'information d'emplacement de l'utilisateur et / ou le fuseau horaire et / ou l'information CSG de l'utilisateur s'ils sont présents à l'étape 21. Le SGW alloue les TEIDs de liaison descendante sur l'interface S5 / S8 même pour des supports de transport non acceptés.

23. Le PGW met à jour les contextes locaux et retourne le message « Modify Bearer Response » au SGW cible. Le PGW commence à envoyer des paquets de liaison descendante au SGW en utilisant l'adresse nouvellement reçue et les TEID. Ces paquets de liaison descendante utiliseront le nouveau chemin de liaison descendante via le SGW cible vers l'eNodeB cible.

24. Le SGW envoie le message « Modify Bearer Response » au MME cible.

25. L'UE lance une procédure TAU lorsque l'une des conditions énumérées dans TAU de E-UTRAN à E-UTRAN, inter-MME avec changement SGW s'applique.

Le MME cible sait qu'il s'agit d'une procédure de transfert qui a été effectuée pour cet UE lorsqu'il a reçu le ou les contextes de support de transport par des messages de transfert et ainsi, le MME cible n'effectue qu'un sous-ensemble de la procédure TAU, il exclut spécialement la procédure de transfert de contexte entre le MME source et le MME cible.

26. Lorsque le temporisateur dans 20 expire, le MME source envoie le message « UE Context Release Command » à l'eNodeB source.

27. L'eNodeB source libère les ressources liées à l'UE et envoie le message « UE Context Release Complete » au MME source.

28. Lorsque le temporisateur dans 20 expire et que le MME source reçoit l'indication de changement de SGW dans le message « Forward Relocation Reponse », le MME source envoie le message « Delete Session Request » de demande de suppression de session au SGW pour supprimer les ressources support de transport EPS. Le message contient la cause et LBI. La cause indique que le SGW a changé et que le SGW n'initie pas de procédure de suppression de support de transport vers le PGW.

29. Le S-GW envoie le message « Delete Session Response » au MME source.

30. Facultatif: Si le transfert indirect est utilisé et que le temporisateur dans 20 expire, le MME source envoie le message « Delete Indirect Data Forwarding Tunnel Request » de demande de suppression du tunnel de transfert indirect de données au SGW source. Les ressources temporaires de 11 allouées pour transfert indirect sont libérées.

31. Facultatif: Le SGW source envoie le message « Delete Indirect Data Forwarding Tunnel Response» au MME.

32. Facultatif: Si le transfert indirect est utilisé et que le temporisateur dans 20 expire, le MME cible envoie le message « Delete Indirect Data Forwarding Tunnel Request » au SGW cible. Les ressources temporaires en 8 allouées pour le transfert indirect sont libérées.

33. Facultatif: Le SGW source envoie le message « Delete Indirect Data Forwarding Tunnel Response» au MME cible.

III.2.4.5. Handover UTRAN vers E-UTRAN

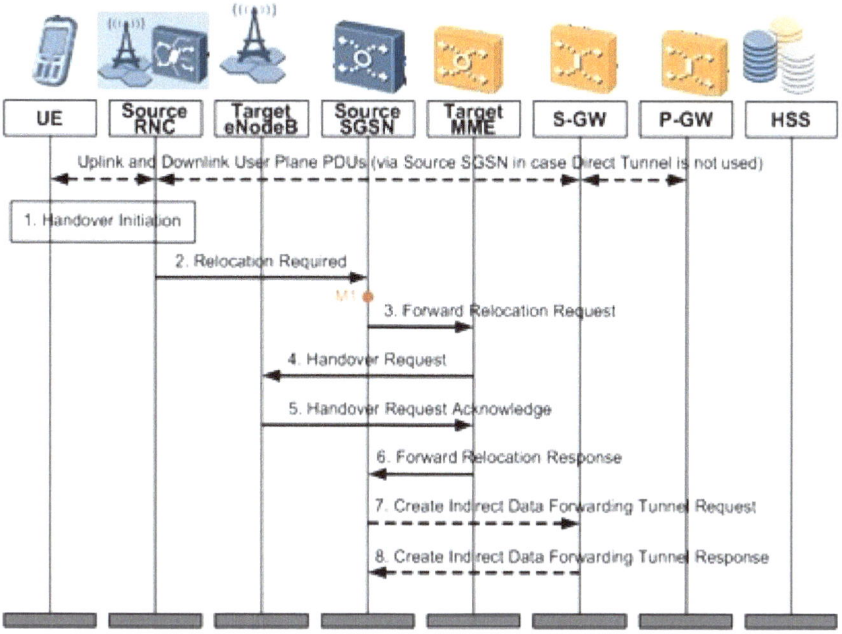

Figure 46 : procédure préparation du handover UTRAN à E-UTRAN

La procédure de préparation détaillée du transfert d'un UTRAN à un E-UTRAN avec le SGW inchangé (S5 / S8 à base de GTP-C) est la suivante [20]:

1. Le RNC source décide d'initier un transfert Inter-RAT à l'E-UTRAN. À ce stade, les données utilisateur de liaison montante et de liaison descendante sont transmises comme suit: supports de transport entre l'UE et le RNC source, tunnel (s) GTP entre le RNC source, SGSN source (uniquement si Direct Tunnel n'est pas utilisé), SGW et PGW.

2. Le RNC source envoie le message « Relocation Required » au SGSN source pour demander au cœur de réseau d'établir des ressources sur l'eNodeB cible, le MME cible et le SGW. Le message contient la cause, l'identifiant de l'eNodeB cible, l'identifiant du RNC source et le conteneur transparent du RNC source vers le RNC cible. En 6, le MME cible détermine le support de transport pour la transmission de données.

3. Sur la base de l'identifiant du RNC cible, le SGSN source détermine que le transfert intercellulaire est un transfert inter-RAT vers un E-UTRAN. Le SGSN

source envoie le message « Relocation Request » de demande de relocalisation au MME cible pour initier la procédure d'allocation de ressource de transfert. Le message contient IMSI, identification cible, contexte MM, connexions PDN, identifiant du point de terminaison du tunnel SGSN pour le plan de contrôle, adresse SGSN pour plan de contrôle, conteneur transparent source vers cible, la cause RAN et la valeur du paramètre « MS Info Reporting Change Action » (si disponible).

Ce message inclut tous les contextes de support de transport EPS correspondant à tous les supports de transport établis dans le système source et les paramètres du point de terminaison du tunnel de liaison montante du SGW.

Le MME cible doit déterminer la restriction APN maximale en fonction de la restriction APN de chaque contexte support de transport reçu dans le message « Forward Relocation Request », et doit ensuite stocker la nouvelle valeur de restriction APN maximale.

4. Le MME cible envoie le message « Handover Request » de demande de transfert au eNodeB cible pour demander l'établissement du support de transport. Le message contient l'identifiant de l'UE, la cause S1AP et K_{eNB}.

5. L'eNodeB cible alloue les ressources demandées et envoie le message « Handover Request Acknowledge » au MME cible pour retourner les paramètres d'application. Le message contient le conteneur transparent cible vers la source, la liste de supports de transport EPS établis et la liste de supports EPS non établis.

Lors de l'envoi du message « Handover Request Acknowledge », l'eNodeB cible doit être prêt à recevoir des PDU GTP de liaison descendante à partir du SGW pour les supports de transport EPS acceptés.

6. Le MME cible envoie le message « Forward Relocation Response » vers le SGSN source. Le message contient la cause, la liste des RAB établis, l'identifiant du point de terminaison du tunnel MME pour le plan de contrôle, la cause RAN et l'adresse MME pour le plan de contrôle.

7. Facultatif: Si le transfert indirect est utilisé, le SGSN source envoie le message « Create Indirect Data Forwarding Tunnel Request » au SGW source pour créer un tunnel de transfert de données. Le message contient les adresse (s) et TEID

(s) pour le transfert de données (reçu à l'étape 6).

8. Facultatif: La SGW source crée le tunnel de transfert de données et retourne le message « Create Indirect Data Forwarding » au SGSN source. Le message contient la cause, adresse (s) SGW et TEID (s) pour le transfert de données. Si le SGW ne prend pas en charge le transfert de données, une valeur de cause appropriée doit être retournée et les adresses SGW et TEID (s) ne seront pas inclus dans le message.

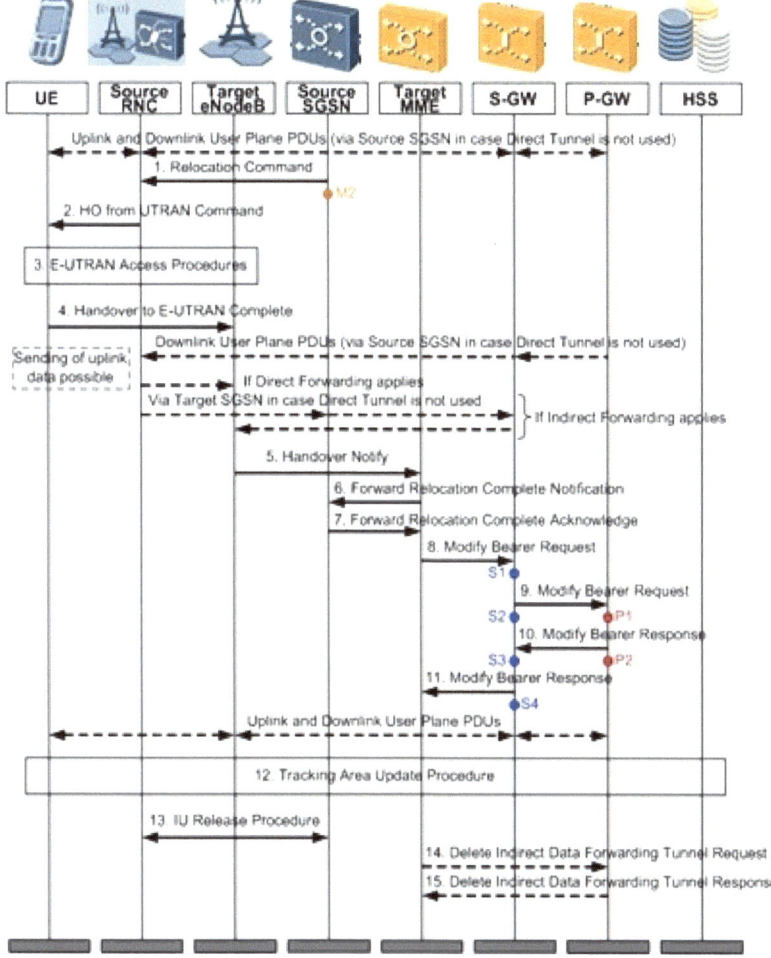

Figure 47 : procédure de handover UTRAN à E-UTRAN

La procédure de transfert détaillée d'un UTRAN à un E-UTRAN avec SGW inchangé (S5 / S8 à base de GTP-C) est la suivante [20]:

REMARQUE :

Le RNC source continue à recevoir des unités PDU du plan utilisateur de liaison descendante et de liaison montante.

1. Le SGSN source envoie le message « Relocation Command » au RNC source pour informer le RNC source que la préparation de transfert est terminée. Le message contient le conteneur transparent cible vers source, les listes RAB à publier et les listes RAB soumises à la liste de transfert de données.

2. Le RNC source envoie le message « HO from UTRAN command » à l'UE pour indiquer à l'UE de transmettre à l'eNodeB cible. Le message contient les paramètres radio établis par l'eNodeB dans la phase de préparation.

Selon les contextes de support de transport RAB ou EPS indiqués dans les RABs soumis à la liste de transmission de données, le RNC source commence le transfert de données. Le transfert de données peut aller directement à eNodeB cible, ou bien passer par le SGW si cela est décidé par le SGSN source et / ou MME cible dans la phase de préparation.

A la réception du message « HO from UTRAN command » contenant le message « Relocalisation Command », l'UE doit associer ses identifiants RAB aux identifiants respectifs des supports de transport sur la base de la relation avec le NSAPI et doit suspendre la transmission en liaison montante des données du plan utilisateur.

3. L'UE se déplace vers l'E-UTRAN et effectue des procédures d'accès vers l'eNodeB cible.

4. Lorsque l'UE a accès à eNodeB cible, il envoie le message « HO to E-UTRAN Complete ». L'UE doit déduire implicitement les supports de transport EPS pour lesquels un E-RAB n'a pas été établi à partir du message « HO from UTRAN command » et les désactiver localement sans un message NAS explicite à cette étape.

5. L'eNodeB cible envoie le message « Notify Handover » au MME cible pour informer le MME cible que l'UE a accédé avec succès. Le message contient TAI et ECGI.

6. Le MME cible envoie le message « Forward Relocation Complete Notification » au SGSN source pour informer le SGSN source que le transfert est terminé. Le message contient le changement de SGW. Un temporisateur dans le

SGSN source est démarré pour superviser lorsque les ressources du RNC source et du SGW source (pour le changement de SGW) doivent être libérées.

7. Le SGSN source retourne le message « Forward Relocation Complete Acknowledge » au MME cible. Si le MME cible adopte le transfert indirect, un temporisateur est activé.

8. Le MME cible envoie le message « Modify Bearrer Request » au S-GW pour chaque connexion PDN pour informer le SGW que le transfert inter-RAT est terminé. Le message contient la cause, identifiant du point de terminaison du tunnel MME pour le plan de contrôle, ID de support de transport EPS et l'adresse MME pour le plan de contrôle. Si le PGW demande l'emplacement de l'UE et / ou les informations CSG de l'utilisateur (déterminées à partir du contexte de l'UE). Si le fuseau horaire de l'UE a changé, le MME inclut le Fuseau horaire de l'UE dans ce message.

Le MME libère les supports de transport non acceptés en déclenchant la procédure de libération de support. Si le SGW reçoit un paquet DL pour un support non accepté, le SGW supprime le paquet DL et n'envoie pas de notification de données de liaison descendante au MME.

9. Le SGW envoie le message « Modify Bearer Request » au PGW connecté au PDN local pour informer le PGW de la mise à jour d'informations, par exemple, une modification de type RAT. Le SGW inclus également l'emplacement de l'utilisateur et / ou le fuseau horaire UE et / ou le CSG de l'utilisateur s'ils sont présents à l'étape 8.

10. Le PGW met à jour les contextes locaux et retourne le message « Modify Bearer Response ».

11. Le SGW envoie le message « Modify Bearer Response » au MME cible. Le message contient la cause, l'identifiant du point de terminaison du tunnel du SGW pour le plan de contrôle, l'adresse du SGW pour le plan de contrôle et les Options de configuration du protocole. A ce stade, le chemin du plan d'utilisateur est établi pour tous les supports de transport entre l'UE, l'eNodeB cible, le SGW cible et le PGW.

12. L'UE lance une procédure TAU lorsque l'une des conditions énumérées dans TAU de UTRAN (mode Iu) à E-UTRAN, par l'interface Gn entre SGSN et MME s'applique.

13. Lorsque le temporisateur démarré à l'étape 7 expire, le SGSN source nettoie toutes ses ressources vers le RNC source en exécutant les procédures de libération Iu. Lorsque le RNC n'a plus besoin de transmettre des données, le RNC source répond par un message « Iu Release Complete ».

14. Facultatif: Si le transfert indirect est utilisé et que le temporisateur dans 8 expire, le MME cible envoie le message « Delete Indirect Data Forwarding Tunnel Resquest » au SGW pour supprimer le tunnel de transmission de données.

15. Facultatif: Le SGW supprime le tunnel de transfert de données et retournele message message « Delete Indirect Data Forwarding Tunnel Response ».

III.2.4.6. Handover E-UTRAN vers UTRAN

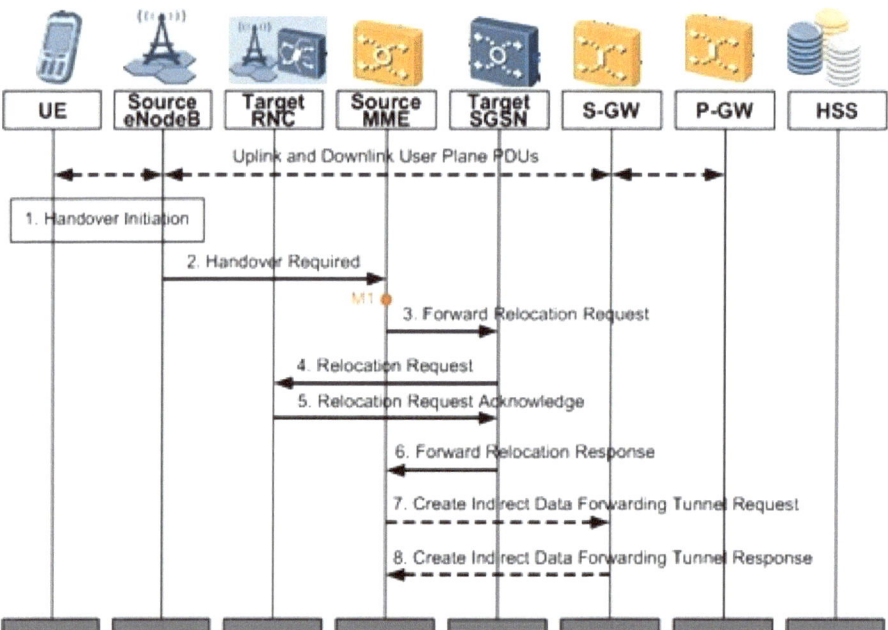

Figure 48 : procédure de préparation du handover E-UTRAN à UTRAN

La procédure détaillée de préparation du transfert d'un E-UTRAN à un UTRAN avec le SGW inchangé (S5 / S8 à base de GTP-C) est la suivante [20]:

1. L'eNodeB source décide d'initier un transfert Inter-RAT vers le réseau d'accès cible, le mode UTRAN Iu. À ce stade, les données utilisateur de liaison montante

et de liaison descendante sont transmises via les éléments suivants: support de transport entre UE et eNodeB source ; tunnel (s) GTP entre l'eNodeB source, SGW et PGW.

2. L'eNodeB source envoie un message « Handover Required » au MME source pour demander au cœur de réseau d'établir des ressources sur le RNC cible, le SGSN cible et le S-GW. Le message contient la cause S1AP, l'identifiant du RNC cible, l'identifiant CSG, le mode d'accès CSG, l'identifiant de l'eNodeB source et le conteneur transparent source-cible. En 6, le SGSN cible détermine le support pour la transmission de données.

3. En fonction de l'identifiant du RNC cible, le MME source détermine que le transfert est un transfert inter-RAT en mode Iu. Le MME source envoie le message « Relocation Request » de demande de relocalisation au SGSN cible pour lancer la procédure d'allocation de ressource de transfert. Le message contient: IMSI, identifiant de cible, ID CSG, indication d'appartenance CSG, contexte MM, connexions PDN, identifiant du point de terminaison MME Tunnel pour plan de contrôle, adresse MME pour plan de contrôle, conteneur transparent source vers cible, la cause RAN, action MS Information Change Reporting si disponible)...

Ce message contient toutes les connexions PDN actives dans le système source et pour chaque connexion PDN inclut l'APN associé, l'adresse et les paramètres du point de terminaison du tunnel de liaison montante du SGW pour le plan de contrôle et une liste des contextes support de transport EPS. La cause RAN indique la cause S1AP reçue de la source eNodeB.

Le SGSN cible mappe les supports de transport EPS aux contextes PDP 1 à 1 et mappe les valeurs de paramètres QoS de support de transport EPS d'un support de transport EPS aux valeurs de paramètre QoS d'un contexte support de transport de la version 99.

Le SGSN cible doit déterminer la restriction APN maximale en fonction de la restriction APN de chaque contexte de support de transport dans le message « Forward Relocation Request », et doit ensuite stocker la nouvelle valeur de restriction APN maximale.

4. Le SGSN cible envoie le message de demande de relocalisation au RNC cible pour établir les RAB. Le message contient l'identifiant de l'UE, la cause et

l'indicateur de domaine CN.

5. Le RNC cible alloue les ressources demandées et envoie le message d'acquittement de demande de relocalisation au SGSN cible pour renvoyer les paramètres d'application. Le message contient le conteneur transparent RNC cible vers eNodeB source, la liste de RABs établis et les liste de RABs n'ont établis.

Lors de l'envoi du message d'acquittement de demande de relocalisation, le RNC cible doit être prêt à recevoir des unités PDU GTP descendantes provenant du SGW ou du SGSN cible si le tunnel direct n'est pas utilisé pour les RAB acceptés.

6. Le SGSN cible envoie le message « Forward Relocation Response » au MME source. Le message contient la cause, l'identifiant du point de terminaison du tunnel SGSN pour le plan de contrôle, l'adresse SGSN pour le plan de contrôle et conteneur transparent de cible à source.

7. Facultatif: Si un transfert indirect est utilisé, le MME source envoie le message « Create Indirect Data Forwarding Tunnel Request » au SGW source pour créer un tunnel de transfert de données. Le message contient des adresses et TEID (s) pour le transfert de données (reçu à l'étape 6 et ID (s) de support de transport EPS).

8. Facultatif: Le SGW source crée le tunnel de transfert de données et retourne le message « Create Indirect Data Forwarding Tunnel Response ». Le message contient la cause (s) et adresse (s) SGW et TEID (s) pour le transfert de données. Si le SGW ne prend pas en charge le transfert de données, une valeur de cause appropriée doit être retournée et les adresses SGW et TEID (s) ne seront pas incluses dans le message.

REMARQUE:

L'eNodeB source continue à recevoir des PDU du plan utilisateur de liaison descendante et de liaison montante.

La procédure d'exécution de transfert intercellulaire détaillée d'un E-UTRAN à un UTRAN sans changement du SGW (S5 / S8 à base de GTP-C) est la suivante [20]:

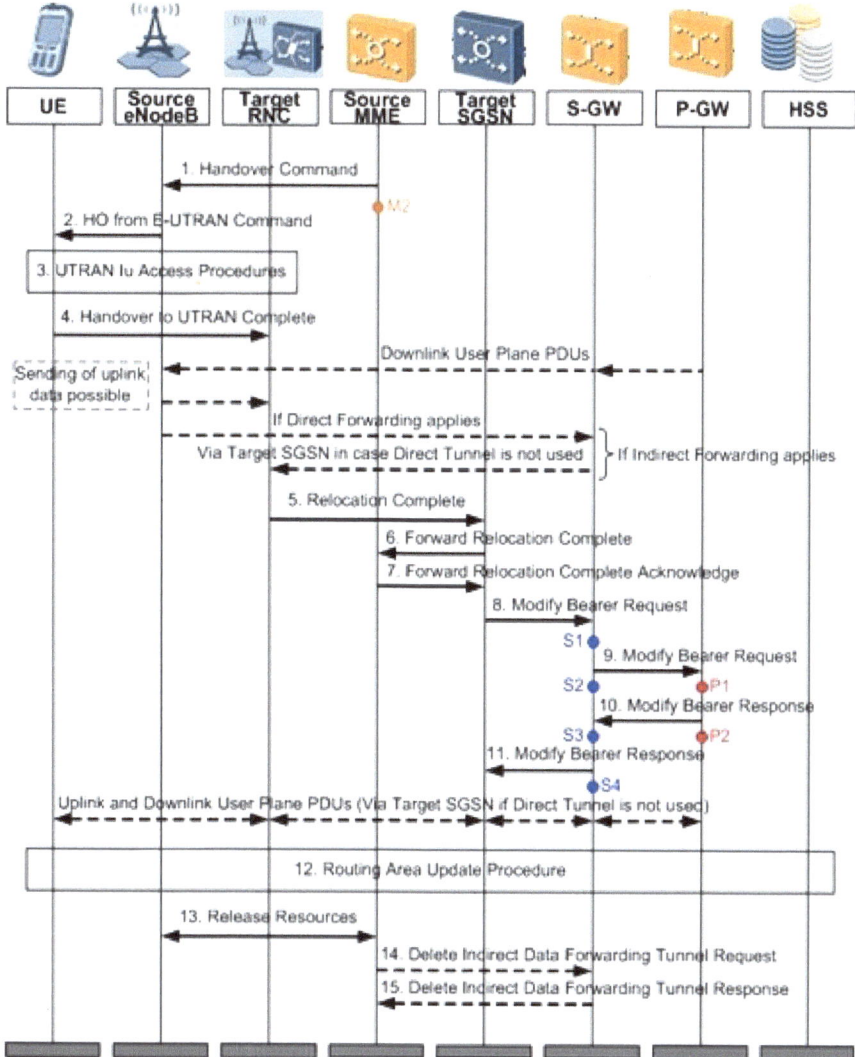

Figure 49 : procédure de handover E-UTRAN à UTRAN

1. Le MME source envoie le message « Haondover Command » à l'eNodeB source pour informer l'eNodeB source que la préparation de transfert est terminée. Le message contient le conteneur transparent cible vers source et les supports de transport soumis à la liste de transfert de données.

- Si le transfert direct est utilisé, les supports de transport soumis à la transmission de données sont la (les) adresse (s) et TEID (s) pour le transfert de données du trafic utilisateur reçues du SGSN cible pendant la préparation du transfert dans 6.

- Si le transfert indirect est utilisé, les supports de transport soumis à la transmission de données sont la (les) adresse (s) SGW et TEID (s) pour le paramètre de transfert de données reçu du SGW pendant la préparation du transfert en 8.

2. L'eNodeB source envoie le message « HO from E-UTRAN command » à l'UE pour indiquer à l'UE d'effectuer un transfert vers le RNC cible. Ce message contient un conteneur transparent incluant les paramètres radio que le RNC cible a mis en place dans la phase de préparation.

Lors de la réception du message « HO from E-UTRAN command » contenant le message « Handover Command », l'UE doit associer ses identifiants de support de transport aux RABs respectifs sur la base de la relation avec le NSAPI et doit suspendre la transmission montante des données du plan utilisateur.

A la réception du message « HO from UTRAN Command » contenant le message « Relocation Command », l'UE doit associer ses identifiants RAB aux identifiants de support de transport respectifs en fonction de la relation avec le NSAPI et doit suspendre la transmission en liaison montante des données du plan utilisateur.

3. L'UE se déplace vers le système UTRAN Iu (3G) cible et exécute le transfert en fonction des paramètres fournis dans le message délivré à l'étape 2.

4. Lorsque l'UE a accès au RNC cible, il envoie le message « HO to UTRAN Complete ».

5. Après que le RNC cible ait échangé l'identificateur RNC-ID et S-RNTI avec l'UE, le RNC cible envoie le message « Relocation Complete » SGSN cible pour notifier le SGSN cible que l'accès UE est réussi. Après la réception du message « Relocation Complete », le SGSN cible doit être prêt à recevoir des données du RNC cible. Chaque unité N-PDU de liaison montante reçue par le nœud SGSN cible est transmise directement au SGW.

6. Lorsque le SGSN cible apprend que l'UE accède au RNC cible avec succès, le SGSN cible envoie le message « Forward Relocation Complete Notification » au MME source pour notifier le MME source de l'achèvement du transfert. Le message contient le changement de SGW. Un temporisateur dans le MME source est démarré pour superviser la libération des ressources dans l'eNodeB source et SGW source (pour pourv la relocation SGW).

7. Le MME source retourne le message « Forward Relocation Complete Acknoledge » au SGSN cible. Si le SGSN cible utilise le transfert indirect, un temporisateur est activé.

8. Le SGSN cible envoie le message « Modify Beraer Request » au SGW pour chaque connexion PDN pour informer le SGW que le transfert inter-RAT est terminé. Le

message contient l'identifiant de point de terminaison du tunnel SGSN pour le plan de contrôle, NSAPI (s), l'adresse SGSN pour le plan de contrôle, adresse (s) SGSN et TEID (s) pour le trafic utilisateur pour les supports de transport EPS acceptés (si le tunnel direct n'est pas utilisé) ou RNC Adresse (s) et TEID (s) pour le trafic utilisateur pour les supports de transport EPS acceptés (si le tunnel direct est utilisé), et le type RAT.

Si le PGW demande l'emplacement de l'UE et / ou les informations CSG de l'utilisateur (déterminées à partir du contexte de l'UE), le SGSN inclut également informations sur l'emplacement de l'utilisateur et / ou l'information CSG de l'utilisateur dans ce message.

Si le fuseau horaire de l'UE a changé, le SGSN inclut le fuseau horaire de l'UE dans ce message.

Le SGSN libère les contextes de support de transport EPS non acceptés en déclenchant la procédure de désactivation du contexte de support de transport. Si le SGW reçoit un paquet DL pour un support de transport non accepté, le SGW supprime le paquet DL et n'envoie pas de notification de données de liaison descendante au SGSN.

9. Le SGW envoie le message « Modify Bearer Request » au PGW connecté au PDN local pour informer le PGW de la mise à jour d'informations, par exemple, une modification de type RAT. Le SGW inclut également l'information d'emplacement de l'utilisateur et / ou le fuseau horaire de l'UE et / ou l'information CSG de l'utilisateur s'ils sont présents à l'étape 8.

10. Le PGW met à jour les contextes locaux et retourne le message « Modify Bearer Response ».

11. Le SGW envoie le message « Modify Bearer Response » au SGSN cible. Le message contient la cause, l'identifiant du point de terminaison du tunnel SGW pour le plan de contrôle, SGW Address pour le plan de contrôle et Options de configuration du protocole.

A ce stade, le chemin du plan utilisateur est établi pour tous les contextes de support de transport EPS entre l'UE, RNC cible, SGSN cible si le tunnel direct n'est pas utilisé, SGW et PGW.

12. Lorsque l'UE reconnaît que sa zone de routage actuelle n'est pas enregistrée sur le réseau ou lorsque le TIN de l'UE indique «GUTI», l'UE lance une procédure de mise à jour de zone de routage avec le SGSN cible l'informant que l'UE est situé dans une nouvelle zone de routage.

13. Lorsque le temporisateur démarré à l'étape 6 expire, le MME source envoie un message « Release Resources » à l'eNodeB source. L'eNodeB source libère ses ressources liées à l'UE.

14. Facultatif: Si le transfert indirect est utilisé et que le temporisateur dans 6 expire, le MME source envoie le message « Delete Indirect Data Forwarding Tunnel Request » au SGW source pour supprimer le tunnel de transmission de données.

15. Facultatif: Le SGW source supprime le tunnel de transfert de données et retourne le message « Delete Indirect Data Forwarding Tunnel Response ».

III.2.5. Gestion de sessions

III.2.5.1. Etablissement d'une connexion internet

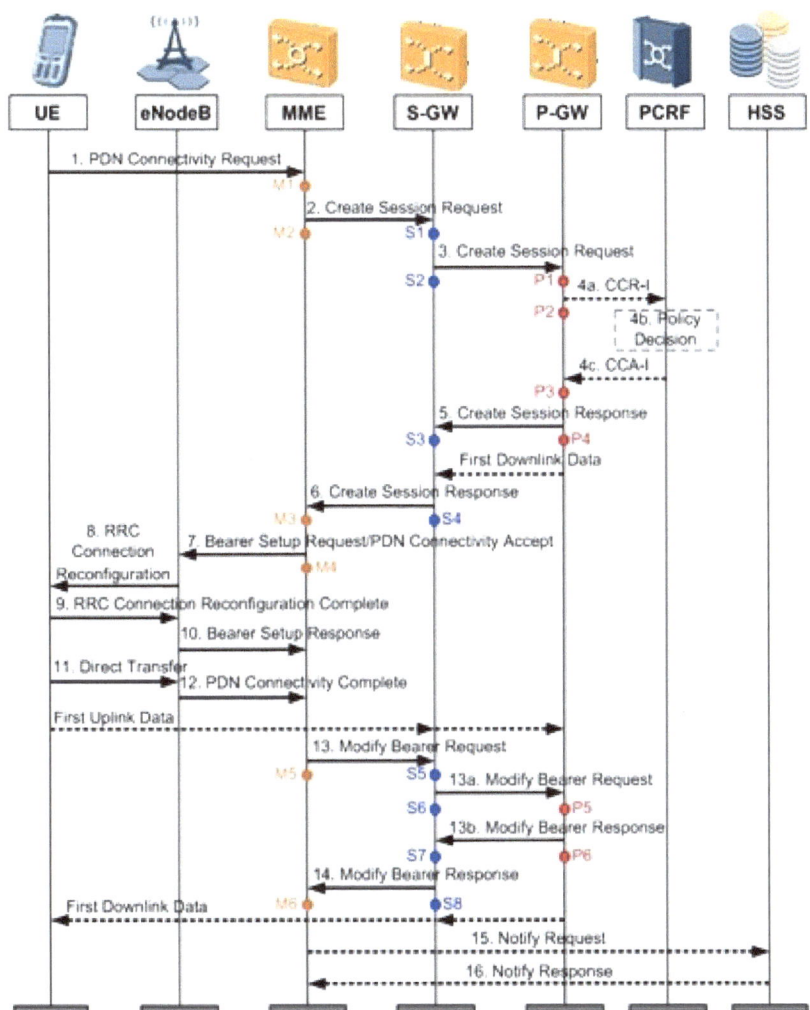

Figure 50 : procédure d'établissement d'une connexion internet

La procédure détaillée d'établissement de connectivité PDN initiée par l'UE (S5 / S8 à base de GTP-C) est la suivante [20]:

1. L'UE envoie le message « PDN connectivity Request » pour demander l'établissement de la connectivité PDN. Le message contient l'APN, le type de PDN, les options de configuration du protocole et le type de demande.

2. Le MME alloue un ID de support de transport et envoie le message « Create Session Request » de demande de création de session au SGW pour demander

l'établissement de support de transport par défaut. Le message contient IMSI, MSISDN, MME TEID pour le plan de contrôle, type RAT, adresse PGW, adresse PDN, QoS du support de transport EPS par défaut, type PDN, APN-AMBR souscrit, APN, ID de support de tsransport EPS et options de configuration de protocole.

3. Le S-GW crée un nouveau support de transport EPS dans la liste de supports de transport EPS et envoie le message « Create Session Request » au PGW sur la base de l'adresse PDN GW portée en 2. Le message contient IMSI, MSISDN, adresse du SGW pour le plan utilisateur, SGW-TEID du plan utilisateur, SGW-TEID du plan de contrôle, type RAT, QoS du support de transport EPS par défaut, type PDN, adresse PDN, APN-AMBR, APN, identifiant de support de transport et les options de configuration de protocole souscrites. Le SGW met ensuite en cache tous les paquets de données de liaison descendante envoyés par le PGW, et transfère les paquets de données après avoir obtenu le TEID eNodeB à partir du message « Modify Bearer Request » dans 13.

4. Facultatif: Si le « dynamic PCC » est activé et que l'indication de transfert n'est pas reçue, le PGW lance la procédure d'établissement de session IP-CAN pour obtenir les règles PCC par défaut pour l'UE. Si le « dynamic PCC » est désactivé, le PGW utilise les stratégies ou règles configurées localement.

4a. Le PGW envoie le message CCR-I au PCRF pour indiquer au PCRF de créer la session IP-CAN.

4b. Le PCRF effectue l'autorisation et la prise de décision politique.

4c. Le PCRF renvoie le message CCA-I au P-GW, portant le mode d'établissement de support IP-CAN sélectionné.

REMARQUE:

Le PCRF peut modifier les paramètres APN-AMBR et QoS (QCI et ARP) associés au support de transport par défaut dans la réponse au PGW.

Si « dynamic PCC » est activé et que l'indication de transfert est reçue, le PGW initie la procédure de modification de session IP-CAN pour signaler de nouveaux types IP-CAN. En fonction des règles PCC actives, l'établissement d'un support de transport dédié pour l'UE peut être requis. L'établissement de ces supports de transport doit être effectué en combinaison avec l'activation par défaut du support de transport. Cette procédure peut continuer sans attendre une réponse

PCRF. Si des modifications aux règles PCC actives sont requises, le PCRF peut les fournir après la fin de la procédure de transfert.

5. Le PGW crée un nouveau support de transport EPS dans la liste de contextes de supports de transport EPS et génère un nouvel identifiant de facturation. Le PGW peut transférer la PDU du plan utilisateur entre le SGW et le PDN et commence à facturer. Le PGW retourne le message « Create Session Response » au SGW. Le message contient l'adresse PGW pour le plan utilisateur, le PGW-TEID du plan utilisateur, le PGW-TEID du plan de contrôle, le type PDN, l'adresse PDN, l'identifiant du support de transport EPS et la QoS du support de transport EPS.

6. Le SGW retourne le message « Create Session Response » au MME. Le message contient le type PDN, l'adresse PDN, l'adresse SGW du plan utilisateur, le SGW-TEID pour le plan utilisateur, le SGW-TEID pour le plan de contrôle, l'identifiant du support de transport EPS et la qualité de service du support de transport EPS.

7. Le MME envoie le message « PDN Connectivity Accept » à l'eNodeB. Le message contient l'APN, le type de PDN, l'adresse PDN, l'ID de support de transport EPS, une demande de gestion de session et des options de configuration de protocole. Le message est contenu dans message de contrôle S1-MME « Bearer Setup Request » et contient le TEID et l'adresse SGW du plan utilisateur.

8. L'eNodeB envoie le message « RRC Connection Reconfiguration » à l'UE pour demander l'allocation de ressources d'interface radio et envoie le message « PDN Connectivity Accept » d'acceptation de connectivité PDN transporté dans le message « RRC Connection Reconfiguration » à l'UE.

9. L'UE envoie le message « RRC Connection Reconfiguration Complete » au eNodeB.

10. L'eNodeB envoie le message « Bearer Setup Response » au MME, portant le TEID et l'adresse eNodeB pour la transmission de liaison descendante S1-U.

11. L'UE envoie le message « Direct Transfer » à l'eNodeB, portant le message « PDN Connectivity Complete ».

12. L'eNodeB transmet le message « PDN Connectivity Complete » au MME. Le message contient l'identifiant du support de transport EPS, le numéro de

séquence NAS et le NAS-MAC.

Après avoir envoyé le message « PDN Connectivity Accept » d'acceptation de connectivité PDN et obtenu une adresse PDN, l'UE envoie des paquets de données de liaison montante à l'eNodeB connecté au SGW et au PGW.

13. Le MME envoie le message « Modify Bearer Request » au SGW. Le message contient l'identifiant du support de transport EPS, l'adresse eNodeB, le TEID eNodeB et l'indication de transfert.

13a. Si le message porte l'indication de transfert, le SGW envoie le message « Modify Bearer Request » au PGW. Le message contient une indication de transfert et indique au PGW d'envoyer les paquets de données du réseau non-3GPP au système d'accès IP 3GPP via des tunnels et de transmettre les paquets de données des supports de transport par défaut ou dédiés créés au S-GW.

13b. Le PGW retourne le message « Modify Bearer Response » au SGW.

14. Le SGW retourne le message « Modify Bearer Response » au MME. Le message contient l'identifiant du support de transport EPS.

Après avoir reçu le TEID eNodeB, le SGW envoie les paquets de données de liaison descendante mis en cache.

15. Facultatif: Après avoir reçu le message « Modify Bearer Response », le MME doit envoyer le message « Notify Request » de demande de notification au HSS, portant les informations APN, PGW et PLMN du PGW si les conditions suivantes sont remplies: la demande n'est pas un transfert intercellulaire, les données de souscription indiquent que l'UE peut être transmis à un accès non 3GPP, et le MME ne sélectionne pas le PGW requis par le HSS pendant la souscription au contexte.

16. Facultatif: Le HSS stocke les paires d'indicateurs de l'APN et du PGW et envoie le message « Notify Response » au MME.

III.2.5.2.   Activation d'une ressource dédiée

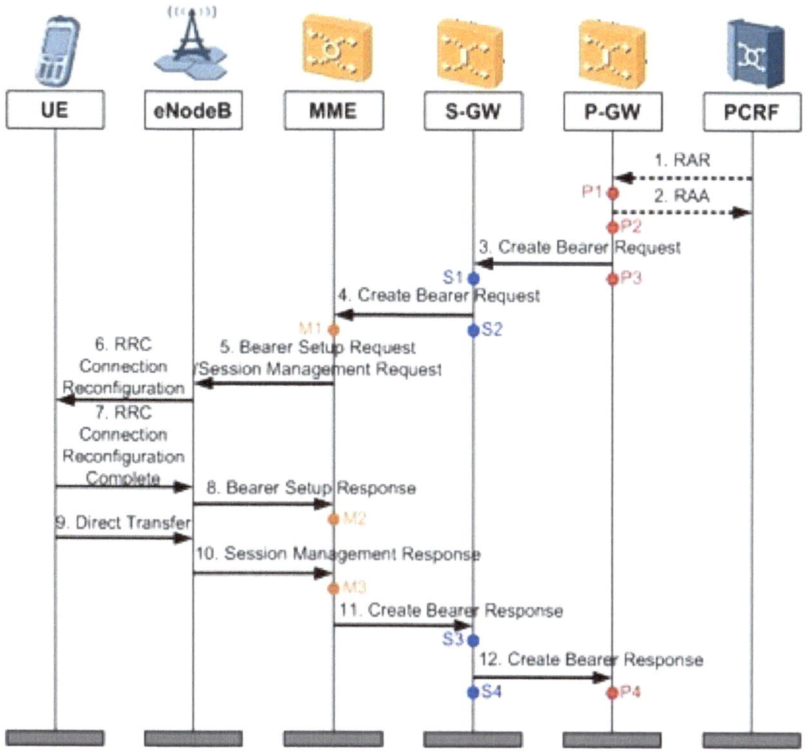

Figure 51 : procédure d'activation d'une ressource dédiée

La procédure détaillée d'activation de support de transport dédiée initié par PGW (S5 / S8 à base de GTP-C) est la suivante [20]:

1. Facultatif: Si « dynamic PCC » est activé, le PCRF envoie le message RAR au P-GW pour lancer la procédure d'établissement de support de transport dédié. Le message contient la règle QoS.

Si « dynamic PCC » désactivé, le PGW utilise la politique QoS locale pour lancer la procédure d'établissement de support de transport dédié.

2. Facultatif: Si la procédure est lancée par le PCRF, le PGW envoie le message RAA au PCRF pour indiquer si la décision PCC requise (politique QoS) est acceptée.

3. Le PGW utilise la politique QoS obtenue en 1 pour allouer la QoS de support de transport EPS et le TEID-U du support de transport dédié S5 / S8 basé sur le protocole GTP sur le PGW et envoie le message « Create Bearer Request » de

demande de création de support de transport au SGW. Le message contient IMSI, PTI, QoS de support de transport EPS, TFT, TEID S5 / S8, ID de facturation et LBI. L'identifiant de support de transport EPS (LBI) est l'ID du support de transport par défaut de l'UE. Le paramètre « Procedure Transaction ID » (PTI) est utilisé lorsque la procédure a été initiée par une procédure de modification de ressource de support de transport demandée par l'UE.

4. Le SGW envoie le message « Create Bearer Request » au MME. Le message contient IMSI, PTI, QoS de support de transport EPS, TFT, S1-TEID et LBI.

5. Le MME envoie le message « Bearer Setup Request » à l'eNodeB. Le message contient l'identifiant du support de transport EPS, la qualité de service du support de transport EPS, la demande de gestion de session (Session Management Request) et le S1-TEID. Le message « Session Management Request » est construit par le MME. Le message contient des paramètres PTI, TFT, QoS du support de transport EPS (à l'exclusion de ARP), des options de configuration de protocole, l'identifiant de support de transport EPS et LBI. Si l'UE a des capacités UTRAN ou GERAN et que le réseau prend en charge la mobilité vers UTRAN ou GERAN, le MME utilise les paramètres QoS de support de transport EPS pour déduire les paramètres QoS de contextes PDP correspondants négociés (profil QoS R99), priorité radio, ID du débit et TI et les met dans la demande de gestion de session (Session Management Request).

6. L'eNodeB définit la QoS de support de transport EPS comme QoS de support de transport radio et envoie le message « RRC Connection Reconfiguration » à l'UE. Le message contient la QoS de support de transport radio, la demande de gestion de session et l'identifiant RB EPS.

7. L'UE envoie le message « RRC Connection Reconfiguration Complete » l'eNodeB pour confirmer l'activation du support radio.

8. L'eNodeB envoie le message « Bearer Setup Response » au MME pour confirmer l'activation du support d'interface radio. Le message contient l'identifiant du support de transport EPS et le S1-TEID.

9. L'UE envoie le message « Direct Transfer » à l'eNodeB. Le message porte le message « Session Management Response » construite sur la couche NAS de l'UE et contient l'identifiant de support de transport EPS.

10. L'eNodeB envoie le message « Session Management Response » au MME.

11. Après avoir reçu le message « Bearer Setup Response » dans 8 et le message « Session Management Response » dans 10, le MME envoie le message « Create Bearer Response » au SGW pour confirmer l'activation du support de transport. Le message contient l'identifiant du support de transport EPS et le S1-TEID.

12. Le SGW envoie le message « Create Bearer Response » au PGW pour confirmer l'activation du support de transport. Le message contient l'identifiant du support de transport EPS et S5 / S8-TEID.

III.3. Méthodes de sécurisation du réseau SIGTRAN

Les réseaux IP prennent de plus en plus d'importance dans les réseaux des télécommunications, de l'accès jusqu'au transport.

III.3.1. Comment sécuriser le réseau SS7 standard

La sécurité dans les réseaux téléphoniques est principalement basée sur la fermeture totale d'un réseau. Deux principaux groupes de protocoles sont utilisés :
- Les protocoles d'accès RNIS (et les autres).
- Les protocoles de la pile SS7 du cœur réseau.

Comme les réseaux de signalisations de base (SS7) sont souvent éloignés physiquement et/ou inaccessibles à l'utilisateur, il est supposé qu'ils sont protégés contre les utilisateurs malveillants. Les équipements télécoms sont souvent sous clés. Entre une frontière du réseau et le réseau SS7, le filtrage de paquets est parfois utilisé. Les utilisateurs finaux ne sont pas directement connectés à des réseaux SS7. Les protocoles d'accès sont utilisés pour l'utilisateur final de signalisation. Les protocoles de signalisations de l'utilisateur final sont traduits en protocoles SS7 de base des commutateurs téléphoniques gérés par des opérateurs de réseau. Les autorités de la réglementation exigent souvent que les commutateurs SS7 soient conformes au niveau national et/ou aux spécifications de test international.

III.3.2. Comment sécuriser le réseau SS7 sur IP

Contrairement dans un réseau IP, quels que soit les protocoles déployés, la sécurité de la communication est obligatoire dans certains scénarios du réseau pour prévenir les attaques malveillantes. Tous les protocoles SIGTRAN utilisent le Stream Control Transmission Protocol (SCTP) comme protocole de transport. Quand un réseau utilisant les protocoles SIGTRAN implique plus qu'une partie, il peut ne pas être raisonnable de s'attendre à ce que toutes les parties aient mis en œuvre la sécurité d'une manière suffisante. De bout en bout la sécurité devrait être le but, par conséquent, il est recommandé qu'IPSec (IP Security Protocols) ou TLS (Transport Layer Security) soit utilisé pour assurer la confidentialité de la charge utile de l'utilisateur. Ces protocoles de sécurité visent à sécuriser les échanges au niveau de la couche réseau.

Il est clair que le réseau sémaphore était jusqu'à récemment considérée comme un périmètre inviolable, et c'était en effet le cas tant qu'il restait sous le contrôle exclusif de l'opérateur. Cela n'est plus le cas aujourd'hui, IP étant rentré dans la place à travers la suite des protocoles SIGTRAN. En transportant la signalisation (les briques de la pile protocolaire SS7) à travers un protocole fiable (SCTP), les risques d'exposer le cœur du réseau sont toujours présents. En effet, à travers un point d'accès SIGTRAN accessible en IP, et moyennant une couche d'adaptation au protocole sous-jacent (M3UA pour MTP3, M2UA pour MTP2, IUA pour ISDN, etc...), les passerelles de signalisation SS7 deviennent joignables. Le cœur de réseau est alors à portée de mains des malveillants.

III.3.3. Imagination d'un scénario d'attaque

Plusieurs possibilités de lancer des attaques offensives dans un réseau d'un opérateur actuellement semblent beaucoup faciles pour les malveillants compétents, nous pouvons citer:

- Les lookups HLR: si un pirate envoie un message MAP SendRoutingInfo, il recevrait un accusé en retour le MSC sur lequel est localisé le mobile (et donc le pays). Mais au fait, « qui a dit que le pirate était bien un HLR ? » Une fois le mobile localisé, on peut imaginer toutes les conséquences, dès les plus légères (SPAM géolocalisé...) aux plus sérieuses (cambriolage...)

- Les attaques ISUP: si les points sémaphores des commutateurs du réseau sont connus, rien de plus facile que de formater un message ISUP, en indiquant le commutateur d'origine, de destination, et le circuit (CIC). Un message initial d'adresse (IAM) va par exemple initier une communication et donc occuper un circuit: il est facile à ce rythme de saturer les circuits disponibles en créant un déni de service.

- Autre type d'attaque: l'envoi d'un message de libération (REL) au hasard va libérer une communication établie entre utilisateurs légitime.

- Un message de location update a pour objet légitime de signaler la nouvelle localisation d'un mobile. Mais l'utiliser frauduleusement, peut faire croire au réseau qu'un abonné mobile promène dans le réseau de la Camtel ou de Viettel et pourtant il est en roaming dans un autre réseau. Mais il sera difficile au MSC de joindre cet abonné dans le réseau où il fait le roaming.

- Au-delà des attaques du réseau, la fraude peut prendre un tour purement financier, comme l'envoi de SMS "gratuits" par exemple.

Dans tous les cas, nous voyons que les dégâts financiers et l'image de l'opérateur sont considérables.

Par conséquent, nous voyons que de bout en bout, tout le périmètre du réseau mobile est susceptible d'être vulnérable. Des sociétés spécialisées comme P1 security et Serial entrepreneurs etc..., sont fondés sur ce constat de vulnérabilité, développent des produits d'audits, des surveillances réseaux télécom. Ces genres d'outils proposés aux opérateurs permettent de restituer la cartographie SS7 du réseau (points sémaphores, mais aussi points d'accès SCTP, numéros de sous-systèmes SCCP, etc...). Cette cartographie est obtenue à travers un scan extensif du réseau:

- points d'entrée SCTP,
- points sémaphores,
- sous-systèmes SCCP,
- et enfin applications de test (MAP, INAP, CAP, etc. ...)

L'opérateur exploitant ces genres d'outils peut avoir une vue globale de son réseau, se prévenir à des éventuelles attaques et renforcer la sécurité de son réseau de signalisation.

Conclusion

Ce document a porté sur la signalisation dans les réseaux mobiles de CAMTEL et VIETTEL qui sont deux acteurs majeurs des télécommunications au Cameroun. Nous y avons exposé tour à tour la signalisation dans le domaine CS et celle dans le domaine PS en insistant sur les protocoles de signalisation SIGTRAN/SS7. Dans le but de permettre au lecteur de mieux comprendre le fonctionnement de ces réseaux, nous avons développé les procédures de signalisation utilisées par les équipements mis en jeu pour l'établissement des services de télécommunication.

Bibliographie

[1] ITU-T Recommendation Q.700, Introduction to CCITT Signaling System No.7 (SS7).

[2] R. Stewart, et al, Stream Control Transmission Protocol (SCTP), IETF RFC 2960, Octobre 2000.

[2] R. Stewart, et al, Stream Control Transmission Protocol (SCTP) Specification Errata and Issue, IETF RFC 4460, April 2006.

[3] T.George, et al, Signalling System 7 (SS7) Message Transfer Part 2 (MTP-2) User Peer-to-Peer Adaptation Layer (M2PA), IETF RFC 4165, September 2005.

[4] CCITT White Book, Volume VI, Fascicle VI.7, Specifications of Signalling System No.7, Recommendations Q.701-Q.707, Message Transfer Part (MTP).

[5] K.Morneault, et al, Signalling System 7 (SS7) Message Transfer Part 3 (MTP3) User Adaptation Layer (M3UA), IETF RFC 4666, September 2006.

[6] J.Loughney, et al., Signalling Connection Control Part User Adaptation Layer (SUA), IETF RFC 3868, October 2004.

[7] ITU-T Recommendation Q.1902.1-Q.1902.4, Bearer Independent Call Control Protocol (BICC).

[8] CCITT Blue Book, Volume VI, Fascicle VI.7, Specifications of Signaling System No.7, Recs. Q.721-Q.766, Q.776, ISDN User Part (ISUP).

[9] 3GPP Recommendation TS 29.002 V4.13.0, Mobile Application Part (MAP) specification (2003-09)

[10] CCITT Blue Book, Volume VI, Fascicle VI.8, Specifications of Signalling System No.7, Recs. Q.711-Q.714, Q.716, Signalling Connection Control Part (07/96).

[11] ANSI Recommendation T1.114, Signalling network functions and messages (TCAP).

[12] 3GPP Recommendations TS 25.413 & TS 25.415, UTRAN Iu interface user plane protocols (RANAP).

[13] IETF Recommendations RFC 2543 & RFC 3372, Session Initiation Protocole for Tephones (SIP-T).

[14] 3GPP Recommendation TS 29.232 V4.7.0, Media gateway control protocol (H.248).

[15] 3GPP Recommendation TS 23.009, handover procedures in a Public Land Mobile Network (PLMN).

[16] 3GPP Recommendation TS 23.012, concepts and flows of location updates in a circuit switched (CS) network.

[17] 3GPP Recommendation TS 22.004, TS 22.090, TS 23.090 & TS 24.090, technical realization, signaling and protocols related to the USSD.

[18] 3GPP Recommendations TS 23.040, TS 24.011 & TS 24.011, technical realization of the short message service (SMS), protocol architecture for the SMS and processing mechanism of the Mobile Application Part (MAP) for the SMS.

[19] 3GPP Recommendation TS 23.018, message flows and message processing in basic call services between network elements.

[20] 3GPP Recommendations TS 22.060, TS 23.060 and TS 24.008, Technical Specification Group Services and System Aspects; General Packet Radio Service (GPRS) Service description; Stage1, Stage 2 and Stage 3.

[21] K.Morneault, et al, Signalling System 7 (SS7) Message Transfer Part 2 (MTP2) User Adaptation Layer (M2UA), IETF RFC 3331, September 2002.

[22] Lee Dryburgh, Jeff Hewett, (SS7-C7): Protocol, Architecture, and Services (Networking Technology) -Signaling System No. 7, Cisco P, 2004.

[23] Alan B. Johnston, SIP-Understanding the Session Initiation Protocol, Artech House, 2015

[24] Gerhard Rufa, Developments in Telecommunications with a Focus on SS7 Network Reliability, Springer-Verlag Berlin Heidelbe, 2008.

[25] EFORT, SIGTRAN: Transport de la Signalisation sur IP Concepts, Principes et Architectures, 2010. www.efort.com/r_tutoriels/SIGTRAN_EFORT.pdf **(consulté le 20 Avril 2018)**

[26] www.institut-numerique.org/chapitre-ii-role-principal-de-la-signalisation-dans-un-reseau-telephonique-515d5091f296b **(2013) (consulté le 20 Avril 2018)**

[27] www.institut-numerique.org/chapitre-iii-analyse-de-la-performance-du-reseau-de-signalisation-de-la-sonatel-515d509211df3 (2013) **(consulté le 20 Avril 2018)**

[28] www.institut-numerique.org/chapitre-iv-proposition-sur-les-resultats-danalyses-et-audits-obtenus-pour-lamelioration-du-reseau-de-signalisation-de-la-sonatel-515d50921df08   (2013) **(consulté le 20 Avril 2018)**

[29] www.itu.int/rec/T-REC-Q.706 : Système de signalisation numéro 7 – fonctionnement attendu en signalisation du sous-système transport de messages **(consulté le 20 Avril 2018)**

[30] www.normes-internet.com/normes.php?rfc=rfc3788&lang=fr **(consulté le 20 Avril 2018)**

[31] www.devoteamblog.com/all-categories/telecom-networks/les-nouveaux-enjeux-de-la-securite-des-telecoms-2-les-infrastructures **(consulté le 20 Avril 2018)**

A PROPOS DES AUTEURS

Emmanuel TONYE, Professeur Titulaire des Université, en poste à l'Université de Yaoundé 1, Cameroun. Auteur de centaines de publications.

https://fr.wikipedia.org/wiki/Emmanuel_Tonyé
https://www.researchgate.net/profile/Emmanuel_Tonye
https://www.amazon.fr/Emmanuel-Tonye/e/B00DQ3VBOC

Alphonse BINELE ABANA, Docteur et Ingénieur en télécommunications en service au sein de l'Entreprise de télécommunications CAMTEL. Auteur de 3 publications.